Guttentagsche Sammlung
Nr. 86. Deutscher Reichsgesetze. Nr. 86.
Textausgaben mit Anmerkungen und Sachregister.

Deutsches Auslieferungsgesetz
vom 23. Dezember 1929

und andere neuere Vorschriften der Rechtshilfe in Strafsachen einschließlich der Auslieferung.

Textausgabe mit Einleitung, Erläuterungen und Sachregister

von

Dr. Werner Fraustädter
Rechtsanwalt in Berlin.

Berlin und Leipzig 1930.
Walter de Gruyter & Co.
vormals G. J. Göschen'sche Verlagshandlung — J. Guttentag, Verlagsbuchhandlung — Georg Reimer — Karl J. Trübner — Veit & Comp.

Vorwort.

Das Auslieferungsgesetz bedurfte nur in seinem materiellen Teile einer ausführlicheren Kommentierung, da das Verfahren sich vielfach eng an das strafprozessuale Verfahren anschließt, so daß viele Zweifelsfragen sich mit Hilfe der großen Kommentare zur Strafprozeßordnung lösen lassen werden.

Soweit das Auslieferungsrecht in Auslieferungsverträgen, Gegenrechtserklärungen, Gesetzen und Verordnungen enthalten ist, werden die älteren Sammlungen heranzuziehen sein, insbesondere die in dieser Gesetzsammlung enthaltene Schrift von Alexander Cohn: Die Auslieferungsverträge des Deutschen Reiches, die im Jahre 1908 erschienen ist, und das Buch von Bruno Schildmacher: Das Auslieferungsverfahren in Strafsachen und die Auslieferungsverträge, aus dem Jahre 1911. Ich habe es vermieden, diesen Handkommentar des Auslieferungsgesetzes durch Abdrucke der in diesen Sammlungen enthaltenen Vorschriften zu beschweren. Dagegen erschien es mir notwendig, die nach Erscheinen dieser Sammlungen veröffentlichten Verträge und Vorschriften zu erwähnen, die wichtigsten oder charakteristischsten auch im Wortlaut zu bringen, um wenigstens in Verbindung mit den obenerwähnten Schriften einen einigermaßen vollständigen Überblick über den gegenwärtigen Stand des deutschen Auslieferungsrechts zu ermöglichen.

Die Möglichkeit, der Beratung des Gesetzes im 13. Ausschuß (Rechtspflege) des Reichstags zu folgen, verdanke ich dem stellvertretenden Vorsitzenden dieses Ausschusses, Herrn Reichstagsabgeordneten Dr. Landsberg, und dem Herrn Direktor beim Reichstage, Galle, die mir die Ausschußberichte zugänglich machten. Beiden Herren spreche ich meinen besten Dank aus.

Berlin, 1. Januar 1930.

Dr. Werner Fraustädter.

Inhaltsverzeichnis.

Literatur.

Abgekürzt zitierte Schriften:

Cohn, Alexander, Die Auslieferungsverträge des Deutschen Reichs. Berlin 1908 (Guttentagsche Sammlung).

Delius, H., Das Auslieferungsrecht. Hannover 1899.

Frank, Reinhard, Der Kampf um ein deutsches Auslieferungsgesetz. Berlin 1905.

Grimm, Melitta, Aufsatz in der Zeitschrift für die gesamte Strafrechtswissenschaft. Berlin und Leipzig, Jahrgang 1928.

Isay, Ernst, Das deutsche Fremdenrecht. Berlin 1923.

Lammasch, Heinrich, Auslieferungspflicht und Asylrecht. Leipzig 1887.

Langhard, Johann, Das schweizerische Auslieferungsrecht. Bern 1910.

Lederle, Aufsatz in der Zeitschrift für die gesamte Strafrechtswissenschaft. Berlin und Leipzig, Jahrgang 1928.

Lohmann, Otto, Der deutsch-griechische Auslieferungsvertrag. Breslau 1909.

Mayr, Otto, Die Auslieferung eigener Untertanen. Erlanger Dissertation 1891.

v. Martitz, Ferd., Internationale Rechtshilfe in Strafsachen. Leipzig 1888—1897.

Mettgenberg, Wolfgang, Ein Deutscher darf nicht ausgeliefert werden. Berlin 1925.

Morgenstjerne, Bredo, Das Staatsrecht des Königreichs Norwegen. Tübingen 1911.

Müller, Ernst, Der Ausgelieferte vor dem Gericht. München 1887 (Dissertation).

Wolgast, Ernst, Die Auslieferungsgesetze Norwegens, Schwedens und Finnlands. Berlin und Leipzig 1928.

Sonstige Schriften:

Bulmerincq, Aug., Das Asylrecht in geschichtlicher Entwicklung. Dorpat 1853.

Donnedieu de Vabres, Les Principes modernes du droit pénal international. Paris 1928.

Fraustädter, W., und Kreutzberger, M., Das deutsche Ausländerrecht. Berlin und Leipzig 1927.

Grosch, Alfred, Das deutsche Auslieferungsrecht. Karlsruhe 1902.

v. Holtzendorff, Franz, Die Auslieferung der Verbrecher und das Asylrecht. Berlin 1881.

Mettgenberg, Wolfgang, Die Attentatsklausel im deutschen Auslieferungsrecht. Tübingen 1906.

Mettgenberg, Wolfgang, Verzeichnis der Verträge und Vereinbarungen über die Auslieferung. Mannheim, Berlin, Leipzig 1926.

Schildmacher, Bruno, Das Auslieferungsverfahren. Berlin 1911.

Travers, Maurice, L'entr'aide repressive internationale et la loi française du 10 mars 1927. Paris 1928.

Verhandlungen des 34. Deutschen Juristentages. Berlin 1927.

Abkürzungen.

A. (auch in Zusammensetzungen) = Auslieferung.

Ausschuß = Verhandlungen des 13. Ausschusses (Rechtspflege) des Reichstags.

Begr. = Begründung des Regierungsentwurfs des Auslieferungsgesetzes, Nr. 3620 der Drucksachen des Reichstags.

DJZ. = Deutsche Juristenzeitung.

GVG. = Gerichtsverfassungsgesetz.

JMBl. = Justizministerialblatt.

OLG. = Oberlandesgericht.

RG. = Reichsgericht.

RGBl. = Reichsgesetzblatt.

RV. = Reichsverfassung.

StA. = Staatsanwaltschaft.

StGB. = Reichsstrafgesetzbuch.

StPO. = Strafprozeßordnung.

ZPO. = Zivilprozeßordnung.

Einleitung.

Das deutsche Auslieferungsgesetz ist das Ergebnis der verhältnismäßig alten Bestrebungen, das Auslieferungsrecht des Deutschen Reiches auf eine sichere Rechtsgrundlage zu stellen. Um diese Bestrebungen haben sich die Rechtslehrer Lammasch, v. Martitz und v. Bar, der schon im Jahre 1892 als Reichstagsabgeordneter einen parlamentarischen Kampf um eine Verbesserung des Auslieferungsrechts einleitete, besondere Verdienste erworben. In der Reichstagssession 1903 bis 1905 wurde eine Resolution des Reichstagsabgeordneten Dr. Müller-Meiningen angenommen, die das materielle Auslieferungsrecht durch Vorschriften über die Grundsätze der Gegenseitigkeit und durch Begründung der Alleinzuständigkeit des Reichs für den Abschluß von Auslieferungsverträgen zu verbessern versuchte. Ein besonderes Auslieferungsgesetz als Ziel dieser Bestrebungen ist mit Schärfe von Reinhard Frank in seinem Buch: „Der Kampf um ein deutsches Auslieferungsgesetz" formuliert worden. Auf die schließliche Gestaltung des Gesetzes hat der Ministerialrat Dr. Mettgenberg vom Reichsjustizministerium besonderen Einfluß ausgeübt. Der Regierungsentwurf des Gesetzes wurde vom 13. Ausschuß für Rechtspflege des Reichstags in den Sitzungen vom 5. Februar bis 17. April 1929 eingehend beraten. Das Plenum des Reichstags beschäftigte sich in der 106. bis 110. Sitzung vom 2. bis 4. Dezember 1929 mit dem Gesetze, das am 4. Dezember 1929 von der Mehrheit des Reichstags angenommen und am 28. Dezember 1929 im Reichsgesetzblatt veröffentlicht wurde.

Die Bezeichnung „Auslieferungsgesetz" gibt den Inhalt des Gesetzes nur ungenau wieder. Sie ist daraus zu erklären, daß räumlich der größte Teil des Gesetzes sich mit der Auslieferung beschäftigt, vor allem aber daraus, daß die entsprechenden Gesetze anderer Länder, vor allem aber auch die neuesten Gesetze, die in Schweden, Norwegen, Finnland und zuletzt in Frankreich erschienen sind, als Auslieferungsgesetze bezeichnet werden. Der Inhalt des deutschen Auslieferungsgesetzes hält sich im Rahmen der ausländischen Auslieferungsgesetze.

Tatsächlich beschäftigt sich das Auslieferungsgesetz mit der gesamten internationalen Rechtshilfe in Strafsachen, ohne sich auf das Gebiet der Auslieferung zu beschränken. Das Gesetz enthält Vorschriften sowohl für die Gewährung deutscher Rechtshilfe an ausländische Staaten als auch umgekehrt für die Inanspruchnahme ausländischer Rechtshilfe für deutsche Strafverfahren, wobei es in systematischer Beziehung keinen Unterschied macht, daß für die Inanspruchnahme ausländischer Rechtshilfe lediglich § 54 des Gesetzes eine Vorschrift enthält, während das ganze übrige Gesetz sich mit der Gewährung deutscher Rechtshilfe beschäftigt.

Die innere Disposition des Gesetzes ist folgende:

A. Gewährung deutscher Rechtshilfe für ausländische Strafverfahren.

I. Sondervorschriften für einzelne Rechtshilfeverfahren: Auslieferung, Durchlieferung, Herausgabe von Gegenständen (§§ 1 bis 32, 51)

1. Auslieferung (§§ 1 bis 32, 50),
2. Durchlieferung (§ 33),
3. Herausgabe von Gegenständen (§§ 34 bis 40).

II. Allgemeine Vorschriften für sämtliche Rechtshilfeverfahren (§§ 41 bis 49, 52 bis 53, 55).

B. Inanspruchnahme ausländischer Rechtshilfe für deutsche Strafverfahren (§ 54).

Wenn die richtige Bezeichnung des Gesetzes also auch lauten müßte: „Gesetz über Gewährung und Inanspruchnahme internationaler Rechtshilfe in Strafsachen", so ist doch der bedeutungsvollste und in den Kämpfen um das Gesetz die Leidenschaften bewegende Teil derjenige, der sich mit den Vorschriften über die Auslieferung befaßt. Die Bedeutung dieses auch räumlich bei weitem überwiegenden Teils des Gesetzes ist so groß, daß die Frage, in welchem Falle Ausländer ausgeliefert bzw. nicht ausgeliefert werden dürfen, als eigentlicher Inhalt angesehen und der Versuch gemacht wurde, den Asylschutz des Ausländers überhaupt auch über die Beziehungen zu Strafverfahren hinaus zum Thema des Gesetzes zu erheben und es in ein „Gesetz über die Ausübung des völkerrechtlichen Asyls" umzugestalten. Im Rechtsausschuß des Reichstags wurde, als diese Bestrebungen nicht zum Ziele führten, schließlich wenigstens der Wunsch geäußert, ein Reichsfremdenrecht zu schaffen, dem schon bei der Besprechung der oben erwähnten Resolution Dr. Müller-Meiningen, der damalige Antragsteller, Ausdruck verliehen hatte. Das Auslieferungsgesetz ist inhaltlich insofern enger als das erstrebte Fremdengesetz, als es den Asylschutz lediglich im Zusammenhang mit Strafverfahren behandelt und sich mit der rechtlichen Stellung der Ausländer im übrigen nicht beschäftigt. Dagegen ist sein Inhalt insofern weiter als der eines Fremdengesetzes, als es nicht nur den Asylschutz der Ausländer, sondern auch Maßnahmen internationaler Rechtshilfe behandelt, die weder mit dem Asylschutz, noch sogar mit der Auslieferung in Zusammenhang stehen.

Trotzdem enthält das Auslieferungsgesetz eine erhebliche Erweiterung des deutschen positiven Fremdenrechts. Als Fremdenrecht bezeichnet man „die Gesamtheit der Sätze, welche die Aus- oder Inländereigenschaft einer Person als Tatbestandsmerkmal verwenden" (Isay, Fremdenrecht S. 4). Da die Auslieferung Reichsdeutscher unzulässig ist, enthält der gesamte Auslieferungsteil des Auslieferungsgesetzes echtes Fremdenrecht. Der Umfang dieser neuen fremdenrechtlichen Rechtssätze greift über das Gebiet des eigentlichen Auslieferungsrechts sogar weit hinaus. Dieses hat nämlich das Vorliegen eines Auslieferungsersuchens zur Voraussetzung. Aus dem Geiste des Auslieferungsgesetzes, das aus Gründen der staatlichen Souveränität und zum Schutze des ausländischen Verfolgten ausdrückliche Auslieferungsverbote aufstellt, folgt aber, daß eine Umgehung dieser Auslieferungsverbote dadurch, daß der im Auslande strafbare Ausländer ohne ausländisches Auslieferungsersuchen einfach im Wege polizeilicher Ausweisungsvollziehung oder formloser Abschiebung der ausländischen Strafjustiz überantwortet wird, erst recht unzulässig ist. Alle im Auslieferungsgesetze zugunsten des Verfolgten vorgeschriebenen Rechtsgarantien wären bedeutungslos, wenn die Polizeibehörde sie durch Maßnahmen polizeilicher Natur einfach umgehen könnte (vgl. unten Vorbem. zu §§ 2 bis 6). Die bedeutungsvolle fremdenrechtliche Neuerung des Auslieferungsgesetzes besteht also darin, daß, obwohl keine allgemeinen Vorschriften über das Aufenthaltsrecht der Ausländer darin enthalten sind, der Asylschutz für solche Ausländer, die sich im Auslande strafbar gemacht haben, für besondere Fälle durch Verbote der Auslieferung, Ausweisungsvollziehung und Abschiebung auf eine gesetzliche Grundlage gestellt ist.

Das Rechtshilfeverfahren ist auch nach Inkrafttreten des Auslieferungsgesetzes nicht zu einem gerichtlichen Verfahren geworden. Insbesondere ist das Auslieferungsverfahren grundsätzlich seines bisherigen Charakters nicht entkleidet worden. Auch jetzt geschieht die Bewilligung oder Ablehnung des ausländischen Auslieferungsersuchens durch die Verwaltungsbehörden. Das Bedeutsame der Neuregelung durch das Auslieferungsgesetz liegt darin, daß dem Ermessen der Verwaltungsbehörden engere Grenzen gesetzt sind als bisher. Der Grundsatz der gesetzmäßigen Verwaltung hat durch das Auslieferungsgesetz ein weiteres Anwendungsgebiet gefunden. Zwar galt auch im bisherigen Auslieferungsrechte der Grundsatz des freien oder des pflichtmäßigen Ermessens der Verwaltungsbehörden nicht unbeschränkt. Insoweit nämlich im Auslieferungsrecht anerkannte Regeln des Völkerrechts bestehen, hatten die Verwaltungsbehörden diese gemäß Art. 4 der Reichsverfassung wie deutsches Reichsrecht anzuwenden. Grundsätzlich galt also auch insoweit bereits das Prinzip der gesetzlichen Bindung der Verwaltungsbehörden. Praktisch aber ist der Inhalt der völkerrechtlich anerkannten Regeln des Auslieferungsrechts außerordentlich zweifelhaft. Wenn auch z. B. der Grundsatz der Nichtauslieferung politischer Verbrecher völkerrechtlich anerkannt ist, so ist es doch sehr zweifelhaft, was völkerrechtlich unter politischen Verbrechen zu verstehen ist. So bestand bisher mehr grundsätzlich als praktisch eine gesetzmäßige Bindung der Verwaltungsbehörden. Durch das Auslieferungsgesetz ist der Grundsatz der gesetzmäßigen Verwaltung inhaltlich viel bestimmter geworden, soweit er gemäß Art. 4 der Reichsverfassung schon bestand. Er ist ferner auf ein viel weiteres Gebiet des Auslieferungsrechtes ausgedehnt worden, weil er nunmehr durch das Auslieferungsgesetz für eine große Reihe von Fällen erst begründet worden ist, für die allgemein anerkannte Regeln des Völkerrechts nicht festzustellen sind.

Da das Auslieferungsrecht ein Teil des Fremdenrechts ist, und wie oben ausgeführt ist, mit dem Aufenthaltsrechte, der Ausweisungsvollziehung und fremdenpolizeilichen Abschiebung in einem engen Zusammenhange steht, ist diese Erweiterung des Grundsatzes der gesetzmäßigen Verwaltung von erheblicher fremdenrechtlicher Bedeutung. Es ist zu erwarten, daß auch die durch das Auslieferungsgesetz nicht berührten Teile des Fremdenrechts in Zukunft dem Grundsatz der gesetzmäßig gebundenen Verwaltung erschlossen werden.

Die besondere Eigenart der durch das Auslieferungsgesetz begründeten Bindung der Verwaltungsbehörden liegt darin, daß der Inhalt der Bindung durch die Gerichte ausgesprochen werden kann und in den wichtigsten

Fällen ausgesprochen werden muß. Zwar ist für die Entscheidung über das Rechtshilfeersuchen der ausländischen Regierung das Gericht nicht zuständig, sondern nur für die Beantwortung der Vorfrage, ob die Bewilligung zulässig ist. Erklärt das Gericht sie für unzulässig, so ist die Verwaltungsbehörde aber an diesen Ausspruch des Gerichts gebunden. Die vom Auslieferungsgesetz aufgestellten Grundsätze über Unzulässigkeit der Bewilligung von Rechtshilfe bindet die Verwaltungsbehörden aber auch in den Fällen, in denen eine Mitwirkung der Gerichte nicht stattfindet.

Das Auslieferungsgesetz enthält keine Auslieferungsgebote. Ob eine Verpflichtung zur Auslieferung oder zur Gewährung sonstiger Rechtshilfe besteht, entscheidet sich nach den zwischenstaatlichen Verträgen, völkerrechtlichen Regeln und völkerrechtlichen Gewohnheitsrechten. Das Auslieferungsgesetz begnügt sich vielmehr mit einer Aufzählung von Auslieferungsverboten. Man könnte es als ein „Nichtauslieferungsgesetz" bezeichnen.

Soweit zwischenstaatliche Verträge den Auslieferungsverboten des Auslieferungsgesetzes widersprechen, haben die Verträge den Vorzug. Doch darf eine Erneuerung der bestehenden Verträge und der Abschluß neuer Verträge nur im Einklang mit den Bestimmungen des Auslieferungsgesetzes erfolgen.

Soweit internationale Vereinbarungen über Rechtshilfe in Strafsachen mit den Vorschriften des Auslieferungsgesetzes in Einklang stehen, ist durch Erlaß dieses Gesetzes das Verfahren dadurch vereinfacht, daß eine Zustimmung des Reichstags nicht erforderlich ist. (§ 46.)

Bedeutsam ist die Klarstellung, daß zur Entscheidung über ausländische Rechtshilfeersuchen eine Zuständigkeit der Reichsregierung besteht. (§ 44.)

In der Ausgestaltung der dem verfolgten Ausländer zugestandenen Rechtsgarantien, besonders im Haftverfahren, prägt sich der humane Geist des Auslieferungsgesetzes aus.

I. Deutsches Auslieferungsgesetz.

Vom 23. Dezember 1929 (RGBl. I S. 239).

Der Reichstag hat das folgende Gesetz beschlossen, das mit Zustimmung des Reichsrats hiermit verkündet wird:

Erster Abschnitt.

Auslieferung und Durchlieferung.

§ 1.

[1]Ein Ausländer[2], der von der Behörde[3] eines ausländischen Staates[4] wegen einer strafbaren Handlung[5] verfolgt wird oder verurteilt worden[6] ist, kann der Regierung dieses Staates auf Ersuchen[7] einer zuständigen Behörde[8] zur Strafverfolgung oder Strafvollstreckung ausgeliefert werden.

[1] § 1 enthält folgende Grundsätze:

a) Das Gesetz beschäftigt sich nur mit der staatsrechtlichen A.befugnis, nicht mit völkerrechtlicher A.pflicht, die sich aus Völkerrecht, insbesondere zwischenstaatlichen Verträgen, ergibt.

b) A. dient ausschließlich der Strafrechtspflege.

c) Zweiteilung: A. zur Strafverfolgung und Strafvollstreckung.

d) A. nur auf Ersuchen.

e) Anerkennung des verfassungsmäßigen Verbots der A. Deutscher.

[2] A. Reichsangehöriger (Art. 110 RV.; Reichs- und Staatsangehörigkeitsges. vom 22. 7. 1913) schon durch § 9 StGB. verboten, Verbot durch Art. 112 Abs. 3 RV. zum Verfassungsgrundsatz erhoben, dagegen nicht auf Untersagung der A. wegen Disziplinarvergehen, Ordnungswidrigkeit, Zwangsstrafen inhaltlich erweitert (so Mettgenberg S. 35, a. M.

Frank StGB., Anm. zu § 9 und Lobe RGRKomm. zu § 9). Verbot der A. Deutscher, ursprünglich der der Treupflicht der Untertanen entsprechenden Schutzpflicht des Staates entstammend, hat in deutscher Rechtsgeschichte trotz bedeutsamer Ausnahmen vorgeherrscht (zur Geschichte vgl. Mettgenberg S. 5—32, Mayr S. 30 ff.), setzte sich mit Erstarken staatlichen Souveränitätsgedankens durch, wird auch mit der Erwägung verteidigt, daß es unbillig sei, den Inländer einem ungewohnten, vielleicht strengeren Strafrecht zu überliefern. Die aus dem Gedanken des Fortschritts internationaler Strafrechtspflege stammende entgegengesetzte Forderung, auch den eigenen Staatsangehörigen auszuliefern, weil vom Standpunkt der Weltstrafrechtspflege auch fremde Gerichtsbarkeit nur als Teil eigener Gerichtsbarkeit anzusehen sei und der dem Begehungsorte örtlich nähere Richter auch der geeignetere Richter sei (Lammasch S. 380, besonders S. 396 ff.), wird jetzt vom positiven Rechte abgelehnt. — A. unzulässig, auch wenn Täter nach der Tat Reichsangehöriger geworden ist; auch wenn er nach Beginn des A.verfahrens Reichsangehörigkeit erworben hat; begonnenes Verfahren darf dann nicht fortgesetzt, bewilligte A. nicht durchgeführt werden. Hat Verfolgter Reichsangehörigkeit nach der Tat verloren, ist A. zulässig, selbst wenn er zur Zeit des Eingangs des A.ersuchens noch Reichsangehöriger war (a. M. Lammasch S. 403), A. unzulässig, auch wenn Verfolgter außer Reichsangehörigkeit noch ausländische Staatsangehörigkeit besitzt. Unzulässig selbst bei Einverständnis des Reichsangehörigen mit der A. Unzulässig ist jede Maßnahme deutscher Behörden jeder Art ohne Rücksicht auf ihren Amtssitz, nicht von Privatpersonen (Mettgenberg S. 36), die dazu dienen könnten, einen Reichsangehörigen aus dem Bereich deutscher Strafjustiz in den Bereich einer ausländischen Strafjustiz zu bringen. Unzulässig also auch die in der rechtlichen Form der Ausweisung vorgenommene Ortsveränderung oder die rein tatsächlich vorgenommene oder unterstützte Abschiebung. Unzulässig im gleichen Umfang wie A. auch Durchlieferung, ferner auch Rücklieferung Deutscher. Rücklieferungsversprechen deutscher Behörden widersprechen dem Verbote (Mettgenberg S. 41—43), auch wenn ausländischer Staat nur unter dieser Bedingung A. eines Deutschen gewähren will, vgl. § 54 Anm. 3. Ausnahme: Nach § 3 Abs. 1 des Gesetzes vom 10. 3. 1922 (RGBl. S. 241) ist oberste Landesbehörde ermächtigt zu bestimmen, daß Deutsche den Behörden des Saargebietes ausgeliefert werden. — Zulässig A. Exterritorialer, wenn sie Ausländer sind, jedoch nur an den Staat, dessen Gesandte sie sind, nicht an dritte Staaten (Langhard S. 90). — Verfolgung Deutscher, die im Auslande Verbrechen oder Vergehen begangen haben, gewährleistet durch §§ 4—7 StGB. — Prüfung der Staatsangehörigkeit hat von Amts wegen zu erfolgen.

[3] Nach den Gesetzen des ersuchenden Staates zuständigen. — Zuständigkeit von Amts wegen zu prüfen, bei Zweifeln Nachweis der Zuständigkeit zu verlangen. — Auch nichtrichterliche Behörde. A. auch zulässig, wenn die nach dem ausländischen Gesetze zuständige Behörde ein Ausnahmegericht ist. Die entgegengesetzte Forderung (z. B. Lammasch S. 575) nicht Gesetz geworden.

[4] Innerhalb Deutschlands kein A.verkehr. — Kein Erfordernis der Zugehörigkeit zur europäischen Kulturgemeinschaft, Völkerrechtsgemeinschaft, der Souveränität. — Auch des neuen Kirchenstaats. — Nicht erforderlich, daß Verfolgter Staatsangehöriger des ersuchenden Staates ist, auch Angehörige dritter Staaten, auch Staatenlose dürfen ausgeliefert werden.

[5] Oder Unterlassung. — Erforderlich Strafbarkeit nach der Rechtsordnung des ersuchenden Staates. — Nicht genügend disziplinarisch zu ahndende oder privatrechtliche Handlungen, z. B. Entweichen von Schiffsmannschaften, Kontraktbruch. — Keine Beschränkung auf Mindestsätze der Strafandrohung. — Keine Unterscheidung vorsätzlicher, fahrlässiger, unverschuldeter Handlungen. — Keine Unterscheidung von Verbrechen und Vergehen. — A. zulässig auch bei fiskalischen Delikten (entgegen früherer Praxis wegen der Bedürfnisse der Gegenwart, Begr. S. 10), Duell, Beleidigung, Sachbeschädigung, Versuch, Anstiftung, Teilnahme. — A. zulässig, wenn die Tat

nicht im Gebiete des ersuchenden Staates, sondern in einem dritten Staatsgebiet, im Gebiet des ersuchten Staates oder außerhalb jedes Staatsgebiets begangen ist, vorausgesetzt, daß sie im ersuchenden Staate mit Strafe bedroht ist und nach den Gesetzen des ersuchenden Staates dort abgeurteilt bzw. vollstreckt werden darf. — A. zulässig, auch wenn die Tat im ersuchenden Staate mit Strafen bedroht ist, die in Deutschland unzulässig wären, z. B. Prügelstrafe. Die Anträge, die in diesem Falle die Unzulässigkeit der A. gesetzlich festlegen wollten, wurden im Ausschusse abgelehnt, weil jede Stellungnahme zu ausländischer Strafgesetzgebung zu internationalen Schwierigkeiten führen könnte. Doch wurde vom Plenum des Reichstages folgende Entschließung Dr. Breitscheid angenommen (110. Sitzung): „Die Reichsregierung zu ersuchen, Auslieferungen nach Möglichkeit nur dann vorzunehmen, wenn Gewähr dafür besteht, daß keine in Deutschland unzulässige Strafe vollstreckt wird." Gesetz enthält keine Bestimmungen über Priorität bei mehreren konkurrierenden zu bewilligenden A.ersuchen (anders Schweiz, vgl. Langhard S. 113). Wohin auszuliefern ist, richtet sich nach den Verträgen, sonst nach pflichtmäßigem Ermessen. Konkurrenz kann nur eintreten, solange A. an einen der ersuchenden Staaten noch nicht bewilligt ist, ein später gestelltes Ersuchen ist verspätet (vgl. Delius S. 19). — Ist Verfolgter Staatsangehöriger eines dritten Staates, so besteht keine Verpflichtung, aber auch kein Verbot der Benachrichtigung des Heimatstaates (vgl. Delius S. 22), außer wenn das Gegenteil vertraglich vereinbart ist. — Keine grundsätzliche Priorität des Heimatstaates des Verfolgten.

[6] Als Beweis der Strafverfolgung oder Verurteilung sind die Urkunden des § 5 erforderlich und genügend. — Rechtskraft des Urteils nicht erforderlich.

[7] Ersuchen Voraussetzung der Tätigkeit deutscher Behörden, die sich hierdurch als echte Rechtshilfetätigkeit kennzeichnet, vgl. §§ 157—160 GVG. — Form des Ersuchens ergibt sich aus den internationalen Verträgen. — Zulässigkeit der A. nicht von Form des Ersuchens abhängig.

[8] Erforderlich Zuständigkeit zu dem Ersuchen auf Grund

der inneren Bestimmungen des ersuchenden Staates. Zuständigkeit ergibt sich aus den A.verträgen oder folgt aus dem Geschäftsbereich, Gepflogenheiten des internationalen Verkehrs oder aus besonderen Gründen (Begr. S. 8). Die Begründung verweist die prüfende Stelle für Zweifelsfälle auf Auskunft der obersten Reichsbehörde. Aber auch eine solche Auskunft unterliegt der freien Beweiswürdigung der die Zulässigkeit prüfenden Behörde, insbesondere des Oberlandesgerichts. In Zweifelsfällen kann Nachweis der Zuständigkeit vom ersuchenden Staate verlangt werden.

Vorbemerkung zu §§ 2 bis 6:
Bedeutung der Unzulässigkeit der A.; Einfluß auf Ausweisung.

§ 1 bestätigt das verfassungsmäßige Verbot der A. Reichsdeutscher, enthält also ein A.verbot. In den §§ 2 bis 6 werden weitere Fälle behandelt, in denen A. „nicht zulässig" bzw. „nur zulässig" ist, wenn gewisse Voraussetzungen erfüllt sind. Die positive oder negative Formulierung ist zufällig und begründet keine sachlichen Unterschiede, auch keine Umkehrung der Beweislast, da die Behörde die Zulässigkeit der A. von Amts wegen zu prüfen hat.

A.verbote haben einen bedeutungsvollen, in der Theorie kaum beachteten und auch bei Beratung des A.gesetzes in den gesetzgebenden Organen nur undeutlich erkannten Einfluß auf das gesamte Fremdenrecht, insbesondere auf die materielle Gestaltung des Aufenthaltsrechts des Ausländers im Reichsgebiet. Daß eine Beziehung zwischen dem Verbot der A. und dem allgemeinen fremdenrechtlichen Aufenthaltsrechte besteht, ergibt sich schon daraus, daß seit langem das Verbot der A. wegen politischer Straftaten als „Asylrecht" bzw. „Asylschutz" bezeichnet wird. Als am 16. 1. 1905 im Reichstage die Resolution der Freisinnigen Partei behandelt wurde, die eine Alleinzuständigkeit des Reichs zum Abschluß von A.verträgen begründen wollte, gab der Antragsteller, Dr. Müller-Meiningen, dem Verlangen nach einem Reichsausweisungsgesetze Ausdruck (Reichstagsession 1903—1905 S. 3664, Frank S. 19).

Diesem Verlangen lag die Befürchtung zugrunde, daß die von der Reichsregierung erlassenen A.verbote praktisch durch einzelstaatliche Ausweisungen illusorisch gemacht werden könnten. Den Zusammenhang zwischen dem A.verbote und dem fremdenrechtlichen Aufenthaltsrechte läßt auch der bei der Ausschußberatung des A.gesetzes gestellte kommunistische Antrag Dr. Alexander erkennen, der das A.gesetz in ein „Gesetz über die Ausübung des völkerrechtlichen Asyls und die Auslieferung" umgestalten wollte (Ausschuß, 10. Sitzung). Im Gegensatz hierzu steht die Ansicht von Theoretikern, die wegen der rechtlichen Verschiedenheit des A.- und Ausweisungsrechts jede praktische Verquickung der beiden Rechtsgebiete ablehnen. So gibt Morgenstjerne (S. 39) dem Staate auch im Falle des Verbots der A. ein unbeschränktes Ausweisungsrecht, und Frank (S. 46) lehnt jeden Zusammenhang zwischen A. und Ausweisung ab, weil dem Staate, der es ablehnt, einem anderen Staate durch A. Schergendienste zu leisten, doch immer die Möglichkeit der Ausweisung vorbehalten bleiben muß, insbesondere wenn der Ausländer einem „rassefremden Volksstamme" angehört. Wer die vollständige Unabhängigkeit des A.- vom Ausweisungsrechte behauptet, übersieht, daß Behörden in Fällen, in denen ihnen die A. verboten ist, die Möglichkeit hätten, durch Ausweisung bzw. formlose Abschiebung des Ausländers denselben Erfolg herbeizuführen, den die Auslieferung haben würde. Der Staat, der „Schergendienste" verweigert, kann nicht wollen, daß dieselben Dienste unter einer anderen rechtlichen Bezeichnung geleistet werden.

Das Ausweisungsrecht der deutschen Behörden bleibt natürlich unberührt, soweit es sich um nicht straffällige Ausländer handelt. Wird der Ausländer lediglich wegen disziplinarisch zu ahndender Taten oder wegen Ordnungswidrigkeiten verfolgt, so wird das Gebiet der A. gar nicht berührt, und es besteht unbeschränktes Ausweisungsrecht. Muß der Ausländer dagegen befürchten, im Auslande wegen einer Straftat verfolgt oder der Strafvollstreckung zugeführt zu werden, und liegt ein Fall vor, in welchem die A. den deutschen Behörden ausdrücklich untersagt ist, so liegt in der Vollziehung der Ausweisung oder der formlosen Abschiebung über die Grenze eine Umgehung des A.verbots.

Im Falle des Verbots der A. deutscher Reichsangehöriger, das aus Gründen der staatlichen Souveränität und des Schutzes eigener Staatsangehöriger ihre Unterstellung unter ausländische Gerichtsbarkeit verhindern will, ist es wohl unbestritten, daß deutschen Behörden jeder Art die Mitwirkung bei jeder Maßnahme verboten ist, die im Resultat einen Reichsangehörigen der fremden Gerichtsbarkeit zuführen würde. Hier würde man es als grotesk empfinden, wenn Behörden unter Verzicht auf die Form der A. durch Ausweisungsvollziehung oder Abschiebung des Reichsangehörigen denselben Erfolg herbeiführen könnten, den das A.verbot verhindern will.

Im selben Umfange ist auch die Umgehung der übrigen A.verbote durch Ausweisungsvollziehung oder Abschiebung unzulässig, in denen diese Verbote aus Gründen der staatlichen Selbstachtung oder zum Schutze der Ausländer erlassen sind. Der Inhalt eines A.verbots ist nicht die Untersagung lediglich der äußeren Form der A., sondern die Verhinderung des durch die A. erzielten Erfolges (vgl. Delius S. 7; derselbe in DJZ. 1896 S. 104). Wenn die A. verboten ist, muß es erst recht verboten sein, denselben Erfolg durch staatliche Maßnahmen herbeizuführen, die sogar der im A.verfahren vorgeschriebenen Rechtsgarantien entbehren.

Eine Ausnahme macht lediglich das A.verbot des § 2 Abs. 2 Halbs. 2 und das aus § 2 Abs. 1 folgende Verbot der A. bei Übertretungen, weil die Unzulässigkeit der A. in Bagatellsachen nicht mit der Wahrung staatlicher Souveränitätsrechte oder mit dem Schutze des gefährdeten Ausländers zusammenhängt, sondern daraus folgt, daß die gewichtige Form der A. in offenbarem Mißverhältnisse zu der Tat des Verfolgten steht, nicht lohnend erscheint. In diesen beiden Fällen schließt das A.verbot nicht das Verbot der Ausweisungsvollziehung oder Abschiebung ein.

Daß die Verhinderung der Umgehung der A.verbote durch Ausweisungsvollziehung oder Abschiebung auch dem Willen des Reichstags entspricht, ergibt sich aus der Tatsache, daß ein Antrag, eine Strafvorschrift in das Gesetz aufzunehmen gegen einen „Amtsträger, der einen Ausländer aus dem Reichsgebiet entfernt, der deutschen Gerichtsbarkeit entzieht oder fremder Gerichtsbarkeit zuführt, ohne daß die durch das Auslieferungsgesetz vorgeschriebenen Feststellungen und Entscheidungen von den zuständigen Behörden getroffen sind", erst abgelehnt wurde, nachdem der Vertreter des Reichsjustizministeriums, Dr. Mettgenberg, erklärt hatte, im wesentlichen trage dem Antrage bereits das geltende Recht, nämlich § 341 StGB., Rechnung (Ausschuß, 14. Sitzung).

Zu den den deutschen Behörden im Falle der A.verbote untersagten Maßnahmen gehört nur die Vollziehung einer Ausweisung und Abschiebung, dagegen nicht die materielle Ausweisungsverfügung. Wenn nämlich der Ausländer der Ausweisungsverfügung freiwillig folgt, liegt keine Umgehung des A.verbots durch deutsche Behörden vor. Die Ausweisungsverfügung behält sogar praktische Bedeutung. Der zurückkehrende Ausländer wird z. B., wenn die übrigen Voraussetzungen des § 361 Ziff. 2 StGB. vorliegen, wegen Bannbruches zu bestrafen sein.

§ 2.

(1) Die Auslieferung ist nur wegen einer Tat[1] zulässig, die nach deutschem Rechte[2] ein Verbrechen oder Vergehen ist[3].

(2) Die Auslieferung ist nicht zulässig, wenn die Tat[4] nach deutschem Rechte nur nach den Militärstrafgesetzen strafbar ist[5] oder nur mit einer Vermögensstrafe geahndet wird, die nicht in eine Freiheitsstrafe umgewandelt werden kann.

[1] auch Unterlassung.

[2] Reichs- oder Landesstrafrecht. — Prinzip der Normenidentität oder Klausel der beiderseitigen Strafbarkeit.

[3] Prinzip der A.unwürdigkeit der Bagatelldelikte (vgl. § 1 Abs. 1 u. 2 StGB.). — Während es genügt, wenn nach dem

Rechte des ersuchenden Staates irgendeine strafbare Handlung vorliegt (vgl. § 1 Anm. 4), muß die Tat nach deutschem Rechte mindestens Vergehen sein, das nicht nur mit Geldstrafe bedroht ist (vgl. § 2 Abs. 2). In diesen Grenzen ist A. wegen jeglicher Art von Straftaten zulässig — keine Aufzählung, „Enumeration" der auslieferungswürdigen Straftaten —, soweit nicht für besondere Arten von Straftaten die A. ausdrücklich für unzulässig erklärt ist (Eliminationsmethode). A. zulässig auch wegen Versuch, Teilnahme, Vorbereitungshandlung, fahrlässiger, fiskalischer Delikte, wenn sie nur als Verbrechen oder Vergehen strafbar sind. — A. unzulässig, wenn die Handlung im deutschen Strafgesetze unerwähnt geblieben ist, sei es auch nur aus geographischen und ähnlichen Gründen (Langhard S. 14). — Nicht erforderlich, daß Delikt in ersuchendem und ersuchtem Staate unter dieselbe Norm falle (Langhard S. 14). — Unerheblich ist die im ausländischen Ersuchen enthaltene Bezeichnung der Tat. Erforderlich also ist Übersendung eines immerhin so erschöpfenden Ermittlungsergebnisses, daß die deutschen Behörden in der Lage sind zu prüfen, ob bei Anwendung deutschen Strafgesetzes auf das als erwiesen zu unterstellende Ermittlungsergebnis Verurteilung wegen Verbrechens oder Vergehens möglich wäre. — Kein Nachprüfungsrecht über die zu dem Ermittlungsergebnis führende ausländische Untersuchung. Kein Recht der Prüfung, ob im ausländischen Verfahren schließlich Verurteilung oder Freisprechung zu erwarten ist. Auch wenn der Verfolgte den Nachweis des Alibi oder der nach ausländischem Rechte eingetretenen Verjährung schon bei der deutschen Behörde führen kann, bleibt A. zulässig. Ob letzterenfalls auch Pflicht zur A. besteht, richtet sich nach den Verträgen. In diesem Zusammenhang ist aber § 4 Ziff. 2 zu beachten, der eine Erweiterung des Grundsatzes der Normenidentität enthält: liegen in der Person des Verfolgten Rechtfertigungsgründe bezüglich der Straftat vor, so ist A. nur im Umfang und aus dem Grunde des § 4 Ziff. 2 unzulässig, nicht aber etwa schon deshalb, weil infolge des Rechtfertigungsgrundes im konkreten Falle nach deutschem Rechte keine strafbare

Handlung, also kein Verbrechen oder Vergehen, vorliegt. Unerheblich ist für diese Frage der Wortlaut des deutschen Gesetzes. Auch wenn das Gesetz den Wortlaut wählt „eine strafbare Handlung ist nicht vorhanden", ist dadurch die A. nicht schon wegen § 2 Abs. 1 unzulässig; es bleibt vielmehr zu prüfen, ob die A. im konkreten Falle wegen § 4 Ziff. 2 unzulässig ist (vgl. § 4 Anm. 7). — Das mitgeteilte Ermittlungsergebnis muß so substantiiert sein, daß der deutschen Behörde Subsumierung der Tat unter deutsche strafgesetzliche Tatbestände möglich ist. Ob darüber hinaus Abschrift der Protokolle oder Übersendung der gesamten Ermittlungsakten verlangt werden kann, richtet sich nach den Verträgen.

Es kann Ergänzung des Ermittlungsergebnisses verlangt werden; in der Zwischenzeit A.haft gemäß § 10 zulässig. Bleibt Ergänzung des Ermittlungsergebnisses aus, ist A. unzulässig. Bei Änderung des deutschen Strafrechts muß die Tat noch im Zeitpunkte, in welchem der Verfolgte das Gebiet deutscher Gerichtshoheit verläßt, Verbrechen oder Vergehen sein.

[4] auch Unterlassung.

[5] während früher gerade A. von Deserteuren den einzigen oder doch den Hauptfall der A. bildete (Lammasch S. 364 ff.), auch noch die Beschlüsse des Deutschen Bundes die A. der Deserteure hauptsächlich vorschrieben (vgl. Grimm a. a. O.), entwickelte sich im Zusammenhang mit der Ausbildung des Grundsatzes der Nichtauslieferung politischer Verbrecher (vgl. § 3, Delius S. 46) der in Frankreich und Belgien ausgebildete und später allgemein rezipierte Grundsatz, daß die besonderen Standesdelikte der Militärpersonen der Auslieferung nicht unterliegen. Dahin gehören z. B. Wachvergehen, Feigheit, Ungehorsam, Fahnenflucht (rein militärische Delikte). Aus demselben inneren Grunde muß auch die Entziehung der Wehrpflicht, wenn auch der Täter noch nicht dem militärischen Stande angehörte, zu den a.unwürdigen Delikten gerechnet werden. (Refraktäre dürfen ebenso wie Deserteure nicht ausgeliefert, also auch nicht abgeschoben werden; jetzt ist die A. von Refraktären schon wegen § 2 Abs. 1 unzulässig,

weil Entziehung der Wehrpflicht nach deutschem Rechte keinen strafbaren Tatbestand bildet, also kein Verbrechen oder Vergehen ist.) — Dagegen ist A. wegen solcher Straftaten, die an sich auch allgemeinen Strafvorschriften unterliegen, aus militärischen Gründen aber tatbestandsmäßig umgestaltet oder qualifiziert sind, statthaft (Lammasch S. 366 f., „gemischt-militärische" Delikte, z. B. Mißhandlung Untergebener, Diebstahl oder Unterschlagung gegen Kameraden; Ausschuß, 10. Sitzung).

§ 3.

(1) Die Auslieferung ist nicht zulässig, wenn die Tat, welche die Auslieferung veranlassen soll, eine politische ist[1] oder mit einer politischen Tat derart im Zusammenhange steht, daß sie diese vorbereiten, sichern, decken oder abwehren sollte[2].

(2) [3]Politische Taten sind die strafbaren[4] Angriffe, die sich unmittelbar[5] gegen den Bestand oder die Sicherheit des Staates, gegen das Oberhaupt oder gegen ein Mitglied der Regierung des Staates als solches, gegen eine verfassungsmäßige Körperschaft, gegen die staatsbürgerlichen Rechte bei Wahlen oder Abstimmungen oder gegen die guten Beziehungen zum Ausland richten.

(3) Die Auslieferung ist zulässig, wenn sich die Tat als ein vorsätzliches Verbrechen gegen das Leben darstellt, es sei denn, daß sie im offenen Kampfe begangen ist[6].

[1] Während ursprünglich gerade politische Delikte häufiger als gemeine Delikte zur A. führten, setzte sich seit Ende des 18. Jahrhunderts mit Unterbrechung in der Zeit der Heiligen Allianz der Grundsatz der Nichtauslieferung wegen politischer Delikte durch, der seit etwa 1830 allgemein anerkannter völkerrechtlicher Grundsatz ist. Sein Grund liegt in der Neutralität des Staates gegenüber inneren politischen Kämpfen anderer Staaten, im Prinzip der Nichtintervention, in der Sympathie

eines Teils der eigenen Bevölkerung für den ausländischen politischen Flüchtling, in der Unsicherheit der Beurteilung der jeweiligen Machtverteilung im ersuchenden Staate, im fehlenden eigenen Interesse des Asylstaates an der Strafverfolgung oder -vollstreckung, vor allem aber in der Volksüberzeugung der Schutzwürdigkeit des politischen Motivs und in der Erfahrung, daß die jeweiligen Machthaber ihre politischen Gegner mit einer unangemessenen Schärfe und ohne die notwendigen Rechtsgarantien abzuurteilen geneigt sind. — Ist die Tat eine politische, so ist die A. unzulässig, auch wenn die Tat gleichzeitig den Tatbestand nichtpolitischer Delikte erfüllt. Durch die Fassung des § 3 sind die Bestrebungen, in Fällen der Idealkonkurrenz politischer und nichtpolitischer Delikte die A. zuzulassen, wenn die Tat „unter Berücksichtigung aller Umstände besonders verwerflich erscheint" (Antrag Dr. Wunderlich im Ausschuß, 11. Sitzung) gescheitert.

[2] Ist die Tat eine politische, so ist die A. stets unzulässig, selbst bei Idealkonkurrenz mit unpolitischen Taten. Darüber hinaus ist auch bei gewissen unpolitischen, gemeinen Straftaten die A. unzulässig, nämlich bei sog. Zusammenhangsdelikten. Die Unklarheit, die diesem Begriffe anhaftet, ist durch Aufzählung der einzelnen Arten der Zusammenhangsdelikte gemildert.

[3] Definition der politischen Tat nach objektiven Merkmalen im Gegensatz zu der subjektiven Methode, die im Ausschuß (15. Sitzung) in dem abgelehnten Antrag Dr. Alexander zum Ausdruck kam: „Als politische Straftaten gelten alle Gesetzesverletzungen, die aus politischen Beweggründen begangen worden sind."

[4] Überflüssig, da Strafbarkeit Voraussetzung jeder A. ist (vgl. § 1 Anm. 4, § 2 Anm. 3).

[5] Vgl. die Kommentare zu Hochverrat und Landesverrat.

[6] Die seit 1856, der Einführung der Attentatsklausel in das belgische A.gesetz, zum völkerrechtlichen Grundsatz erhobene Durchbrechung des Prinzips der Nichtauslieferung wegen politischer Delikte hat im Reichstag die größten Schwierigkeiten bereitet. Die Fassung des ursprünglichen Regierungs-

entwurfes lautete: „Die A. ist zulässig, wenn die Tat unter Berücksichtigung aller Umstände besonders verwerflich erscheint." Gegen diese Fassung wurden im Ausschuß (15. Sitzung) wegen ihrer Unbestimmtheit die größten Bedenken erhoben, und so wurde in der 2. Lesung des Ausschusses der gesamte Abs. 3 gestrichen. Erst auf den Hinweis, daß das ausnahmslose Verbot der A. politischer Verbrecher zu internationalen Schwierigkeiten führen müsse und der Abschluß von A.verträgen dadurch gefährdet werde, wurde Abs. 3 in seiner jetzigen Fassung in wörtlicher Übereinstimmung mit dem Antrage Dr. Ehlermann (Ausschuß, 18. Sitzung) wieder eingeführt. Im Gegensatz zur subjektiven Methode des Regierungsentwurfes folgt das Gesetz aber der objektiven Methode und der Enumerationsmethode. Nur wenn ein vorsätzliches Verbrechen gegen das Leben vorliegt, erleidet der Grundsatz der Nichtauslieferung wegen politischer und wegen gemeiner Zusammenhangsdelikte eine Ausnahme, und auch diese Ausnahme ist noch dadurch eingeschränkt, daß auch das vorsätzliche Verbrechen gegen das Leben unter das A.verbot fällt, wenn es im offenen Kampfe begangen ist (Anlehnung an das finnische A.gesetz vom 11. 2. 1922 und an Lammaschs Theorie, z. B. in Recht der Auslieferung S. 48, 76). — Unerheblich ist das Objekt des Verbrechens gegen das Leben, keine Beschränkung auf Staatsoberhäupter und Diplomaten wie in älteren A.gesetzen.

§ 4.

Die Auslieferung ist nicht zulässig:

1. wenn die Gegenseitigkeit nicht verbürgt ist[1];
2. wenn die Strafverfolgung oder Strafvollstreckung wegen der Tat nach deutschem Rechte infolge Verjährung oder Gnadenerlasses oder aus anderen Gründen unzulässig sein würde[2];
3. wenn für die Tat[3] die deutsche Gerichtsbarkeit begründet und[4] gegen den Verfolgten[5] von deutschen Behörden[6] ein Urteil erlassen oder die Eröffnung des Hauptverfahrens abgelehnt ist[7, 8].

[1] Prinzip der Reziprozität (bekämpft u. a. von Lammasch S. 65, 90). — Erforderlich und genügend tatsächliches Vorhandensein der Gegenseitigkeit, nicht erforderlich vertragliche Gegenseitigkeitsvereinbarung oder Gegenrechtserklärungen. — Nicht erforderlich, daß ersuchender Staat durch innere Gesetzgebung zur Leistung der Gegenseitigkeit verpflichtet ist (vgl. § 114 Abs. 2 ZPO.). Anderseits ist Gegenseitigkeit nicht vorhanden, wenn zwar Verträge den ersuchenden Staat zur Gegenseitigkeit verpflichten, diese Verpflichtung aber von ihm nicht eingehalten wird (a. A. Lederle a. a. O. S. 472). — Bei bestehenden Verträgen oder Gegenrechtserklärungen besteht widerlegbare Vermutung des Vorhandenseins der Gegenseitigkeit, ebenso bei Bindung des ersuchenden Staates an Gegenseitigkeit durch seine innere Gesetzgebung. — Vorhandensein der Gegenseitigkeit wird nicht dadurch aufgehoben, daß ersuchender Staat im einzelnen Falle die A. mit Begründung abgelehnt hat. — Besteht kein A.vertrag und ist der ersuchende Staat auch nicht durch innere Gesetzgebung zur Gegenseitigkeit verpflichtet, so muß er in rechtlich bindender Form zusagen, im umgekehrten Falle die A. ebenfalls zu gewähren (Ausschuß, 11. Sitzung, Wolgast S. 254).

[2] Erweiterung des in § 2 aufgestellten Grundsatzes der Normenidentität: es muß nicht nur auch nach deutschem Rechte materiell Verbrechen oder Vergehen vorliegen, sondern die Straftat muß auch nach deutschem Rechte prozessual verfolgbar sein. Anerkennung des Grundsatzes, daß jede Auslieferung eine Konkurrenz von Strafansprüchen zweier Staaten gegen den Verfolgten wegen derselben Tat voraussetzt (Lammasch S. 43, 432). — Auslieferungshindernd ist jedes deutsche Verbot der Strafverfolgung oder Strafvollstreckung mit Ausnahme der aus den Vorschriften über den Geltungsbereich des deutschen Strafrechts folgenden Verbote: so hindert das Verbot der Verfolgung der im Ausland begangenen Straftaten (§ 4 StGB.) nicht die A., weil gerade dieses Verbot die A. notwendig macht, anderseits dies Verbot sich nur durch Gewährung der A. rechtfertigen läßt. Die Aufzählung von Verjährung und Gnadenerlaß hat nur Bedeutung von Beispielen.

a) Verjährung: Auslieferungshindernd ist die nach deutschem Rechte eingetretene Verjährung. — Die Gründe der Unterbrechung oder Hemmung der Verjährung sind zu berücksichtigen und ihr Vorliegen nach deutschem Rechte zu beurteilen (Lammasch S. 435, Cohn S. 20). — Behördliche Akte des ersuchenden Staates sind nur verjährungsunterbrechend, wenn diese Akte nach deutschem Rechte diese Wirkung hätten (Cohn S. 20, Langhard S. 25). — In Fällen, in denen Verjährung in Frage kommen kann, sind vom ersuchenden Staate zur Prüfung der Frage, ob nach deutschem Rechte Verjährung als unterbrochen zu gelten hat, die gesamten Strafakten zu verlangen, bei Nichtübersendung ist A. unzulässig.

b) Gnadenerlaß: Ist der Verfolgte wegen der Tat in Deutschland begnadigt, ist A. unzulässig. Begnadigung wegen der im Ausland verübten Tat wird selten praktisch werden. — Wird die Begnadigung zum Zwecke der Umgehung einer bestehenden A.pflicht gewährt, ist sie völkerrechtswidrig, eventuell vertragswidrig.

c) andere Gründe:

aa) Fehlen des Strafantrags bei Antragsdelikten: Wäre die Tat, wenn sie in Deutschland nach deutschem Rechte abgeurteilt würde, nur auf Antrag verfolgbar, so hat ersuchender Staat das Vorhandensein des Strafantrags nachzuweisen. Fehlt der Nachweis, so ist unter Hinweis auf das Erfordernis des Antrages nach deutschem Recht zur Nachreichung des Strafantrages aufzufordern. Wird Strafantrag nicht innerhalb der nach deutschem Rechte vorgeschriebenen Ausschlußfrist nachgereicht, ist die Tat nach deutschem Recht nicht verfolgbar, also A. unzulässig (vgl. Langhard S. 14; a. A. Lammasch S. 441, der den Ablauf der Ausschlußfrist für unbeachtlich hält).

bb) Fehlen der nach deutschem Recht erforderlichen Ermächtigung, wie zu aa.

cc) Niederschlagung des Verfahrens, wie zu b.

dd) Einstellung, z. B. gemäß § 153 StPO

ee) Exterritorialität des Verfolgten.

ff) Fehlen einer Voraussetzung der Strafverfolgung, z. B.

Nichtigkeitserklärung der Ehe bei Entführung im Falle des § 238 StGB.

gg) Vorhandensein persönlicher Eigenschaften des Verfolgten, die nach deutschem Rechte Strafverfolgung oder Vollstreckung unzulässig machen, z. B. Geisteskrankheit (Langhard S. 103), Alter unter 14 Jahren (Jugendgerichtsgesetz § 2). Auslieferungshindernd sind aber nur solche persönliche Eigenschaften, die sich objektiv ohne Heranziehung der konkreten Straftat feststellen lassen. Rechtfertigungsgründe, deren Vorhandensein sich nur im Strafverfahren selbst feststellen lassen, sind nicht auslieferungshindernd. Behauptet der Verfolgte, die Tat in Notwehr, Notstand, erlaubter Selbsthilfe, in Ausübung des Züchtigungsrechtes, einer Amts- oder Dienstpflicht, einer Disziplinargewalt, mit einer die Rechtswidrigkeit im konkreten Falle ausschließenden Einwilligung des Verletzten begangen zu haben, so hindert diese Verteidigung die A. nicht, weil diese Rechtfertigungsgründe nur im Strafverfahren selbst nachprüfbar sind. Unerheblich ist hierbei die Ausdrucksweise des Gesetzes; wenn dieses den Ausdruck wählt „eine strafbare Handlung ist nicht vorhanden“ (z. B. im § 52 StGB.), folgt das A.verbot nicht etwa schon aus § 2 Abs. 1 (vgl. § 2 Anm. 3, Delius S. 24). — Ein Jugendlicher zwischen 14 und 18 Jahren und ein Taubstummer können ausgeliefert werden, da das Vorhandensein der die Strafe nach § 3 des Jugendgerichtsgesetzes und § 58 StGB. ausschließenden persönlichen Eigenschaften nur im Strafverfahren selbst festgestellt werden kann (Lammasch S. 444 ff., Cohn S. 19, Zusammenstellung der Lehrmeinungen bei Lohmann S 68/75).

[3] Ist wegen einer anderen Tat ein Strafurteil ergangen oder Ablehnung der Eröffnung des Hauptverfahrens ausgesprochen, so hindert das die A. nicht; ob diese Tatsachen bezüglich der A. aufschiebende Wirkung haben, hängt von den Verträgen ab.

[4] daß deutsche Gerichtsbarkeit begründet ist, ist für sich allein nicht auslieferungshindernd. Es muß hinzukommen, daß im deutschen Gerichtsverfahren bereits eine Entscheidung ergangen ist.

[5] Ist ein Urteil gegen Teilnehmer, Begünstiger usw. erlassen, hindert das die A. nicht.

[6] Zuständige Behörden, z. B. Gerichte, Finanzbehörden. Daß die deutschen Behörden zu Unrecht ihre Zuständigkeit angenommen haben, ist unbeachtlich. — Ist von Behörden eines ausländischen Staates, z. B. des ersuchenden oder eines dritten Staates, bereits ein Urteil, z. B. auf Freispruch, ergangen oder die Eröffnung des Hauptverfahrens abgelehnt, ist A. trotzdem zulässig. Die Voraussetzungen einer Wiederaufnahme des Verfahrens brauchen nicht nachgewiesen zu werden. Selbst die Verurteilung oder sogar Strafverbüßung in einem dritten Staate macht die A. an den ersuchenden Staat nicht unzulässig. Ob in solchem Falle A.pflicht besteht, richtet sich nach den Verträgen.

[7] Rechtskraft nicht erforderlich. Es genügt, daß die Strafverfolgung vor deutschen Behörden bis zum Stadium des Urteils oder der Ablehnung der Eröffnung des Verfahrens fortgeschritten ist. — A. selbst unzulässig, wenn der ersuchende Staat Tatsachen anführt, die vor deutschen Behörden zu einer Wiederaufnahme des Verfahrens oder Wiederaufnahme von Ermittlungen führen würden. Allerdings darf das freisprechende Urteil oder der Beschluß über Ablehnung der Eröffnung des Hauptverfahrens nicht nur ergangen sein, weil die Vorschriften über den Geltungsbereich des deutschen Strafrechts der Verurteilung entgegenstanden (vgl. § 4 Anm. 2; Lammasch S. 476); im letzteren Falle steht das Urteil oder der Ablehnungsbeschluß der A. nicht entgegen.

[8] Ist wegen einer anderen Tat vor deutschen Gerichten ein Verfahren anhängig oder ein Urteil erlassen oder hat die Vollstreckung begonnen, so ist die A. nicht unzulässig. Doch darf eine A. nur durchgeführt werden, wenn alle Ansprüche der deutschen Strafrechtspflege vorher erfüllt sind (so auch Begr. zu § 49, doch vgl. § 49 Ziff. 1). Aber nur die Durchführung, nicht die Bewilligung der A. ist gehemmt. Eine vorläufige Durchführung der A. zur Aburteilung im ersuchenden Staate darf jedoch unter der verbürgten Bedingung erfolgen, daß nach beendigtem Prozesse im ersuchenden Staate sofortige Rück-

lieferung stattfindet (Langhard S. 115, Delius S. 18). — Hindert oder erschwert die A. die Durchführung der Rechte von Privatpersonen gegen den Verfolgten, so wird die A. dadurch nicht unzulässig. Ob in solchen Fällen eine Hemmung der Durchführung eintreten darf, richtet sich nach den Verträgen (Langhard S. 115, Delius S. 18).

§ 5.

Die Auslieferung ist nur zulässig[1], wenn ein Haftbefehl[2] oder das vollstreckbare Straferkenntnis[3] einer zuständigen Behörde[4] des ausländischen Staates[5] wegen der Tat vorgelegt ist.

[1] Formale Voraussetzung der A., die zwar erforderlich, aber nicht ausreichend ist, wenn die A. aus materiellen Gründen unzulässig ist.

[2] Ausländischer Haftbefehl muß den wesentlichen Inhalt eines deutschen Haftbefehls besitzen, eine einigermaßen genaue Bezeichnung der Person, der dem Verfolgten zur Last gelegten strafbaren Handlung und die Anordnung der Inhaftnahme enthalten, nicht aber den konkreten Tatbestand, insbesondere Ort und Zeit der Straftat. — Genügend ist die Vorlage einer von dem Leiter der zuständigen Behörde, die den Haftbefehl erlassen hat, beglaubigten Abschrift.

[3] Rechtskraft ist nicht erforderlich, aber vorläufige Vollstreckbarkeit. — Angabe der die Vollstreckbarkeit begründenden gesetzlichen Bestimmungen erforderlich. — Nicht nur Urteile, sondern auch Entscheidungen, die etwa dem deutschen Strafbefehl, Strafbescheid, der Strafverfügung entsprechen. — Straferkenntnis muß eine einigermaßen genaue Bezeichnung des Verfolgten enthalten. — Genügend Vorlage einer von dem Leiter der Behörde, die das Straferkenntnis erlassen hat, beglaubigten Abschrift.

[4] Auch nichtgerichtliche Strafvollstreckungs-, Sträfverfolgungs-, Finanz-, Militär-, Polizeibehörde. Doch müssen diese Behörden zu derartigen Entscheidungen allgemein zuständig sein. Zuständigkeit ist erforderlichenfalls durch Mitteilung

der die Zuständigkeit begründenden gesetzlichen Bestimmungen nachzuweisen. Ob auch sachliche und örtliche Zuständigkeit für den konkreten Fall erforderlich ist, kann zweifelhaft sein. Die Frage dürfte bezüglich der sachlichen Zuständigkeit zu bejahen, bezüglich der örtlichen Zuständigkeit zu verneinen sein. — Auch die Zuständigkeit eines ausländischen Sonder- oder Ausnahmegerichtes ist genügend. Im Ausschusse wurde ein Antrag, die A. für unzulässig zu erklären, wenn die Aburteilung im ersuchenden Staate durch Ausnahmegerichte erfolgen würde, abgelehnt (Ausschuß, 11. Sitzung).

[5] d. h. des ersuchenden Staates. Haftbefehl oder Strafverkenntnis eines dritten Staates, auch des Staates des Begehungsortes, genügt nicht.

§ 6.

Die Auslieferung ist nur zulässig, wenn Gewähr dafür besteht[1], daß der Ausgelieferte in dem Staate, an den er ausgeliefert worden ist, ohne deutsche Zustimmung[2] weder wegen einer vor der Auslieferung begangenen Tat[3], für welche die Auslieferung nicht bewilligt ist[4], zur Untersuchung gezogen[5], bestraft[6] oder an einen dritten Staat weitergeliefert[7] noch aus einem anderen, vor der Auslieferung[8] eingetretenen Rechtsgrund[9] in seiner persönlichen Freiheit beschränkt wird[10], es sei denn, daß er das Gebiet der ausländischen Regierung[11] innerhalb eines Monats[12] nach dem Tage seiner Freilassung nicht verläßt[13] oder daß er, nachdem er es verlassen hat[14], zurückkehrt[15] oder von einer dritten Regierung von neuem ausgeliefert wird[16].

[1] Erforderlich und genügend ist die aus der inneren Gesetzgebung oder tatsächlichen Übung hervorgehende Sicherheit, daß die „Spezialität" der A. gewahrt wird. Verträge und innere Gesetzgebung des ersuchenden Staates genügen nicht, wenn die tatsächliche Übung die Spezialität nicht wahrt. Doch

besteht bei Verträgen und innerer Gesetzgebung eine widerlegbare Vermutung, daß Spezialität verbürgt ist.

[2] Verfahren § 31. — Wegen § 31 ist eine für alle Fälle gegebene Generalzustimmung unstatthaft. — Zustimmung des Verfolgten ist nur in den Formen des § 31 beachtlich.

[3] auch Unterlassung. — Maßgebend ist Zeitpunkt des Eintritts in den Bereich der Gerichtsbarkeit des ersuchenden Staats. Das bis zu diesem Zeitpunkt erfolgte strafbare Handeln fällt unter den Schutz der Spezialität. Bei Dauerdelikten ist das bis zu diesem Zeitpunkt geschehene Tun oder Unterlassen geschützt.

[4] Unter den Schutz der Spezialität fällt auch dasjenige Tun oder Unterlassen, das mit demjenigen, wegen dessen die Auslieferung bewilligt ist, in einem solchen inneren Zusammenhange steht, daß an sich Verurteilung wegen fortgesetzter Handlung erfolgen könnte. Die Spezialität hindert die Einbeziehung des nicht durch die Auslieferungsbewilligung gedeckten Tuns oder Unterlassens (Lammasch S. 771). Es muß Gewähr dafür bestehen, daß selbst eine Bestrafung wegen einer unter die A.bewilligung nicht fallenden Tat nicht erfolgt, wenn Deutschland nach den Verträgen zur Bewilligung der A. an sich verpflichtet wäre.

[5] Verboten ist nicht nur Untersuchungshaft, sondern jegliche Untersuchungshandlung, die in irgendeiner Weise die persönliche Sphäre des Verfolgten antastet, wie Ladungen, verantwortliche oder Zeugenvernehmungen. Andere Untersuchungshandlungen sind nicht verboten.

[6] Verboten ist sowohl die Verhängung einer Strafe, auch im Versäumnisverfahren, als auch Strafvollstreckung.

[7] Es muß Gewähr dafür bestehen, daß der Verfolgte wegen einer durch die A.bewilligung nicht gedeckten Tat auf dem Umwege über einen dritten Staat verfolgt werden kann. Der Verfolgte muß davor geschützt sein, daß er wegen einer Tat, die nicht unter die A.bewilligung fällt, in einem dritten Staate durch Fahrlässigkeit oder sogar durch Mitwirkung des ersuchenden Staates verfolgt wird. Insbesondere darf der Ausgelieferte nicht durch Ausweisung aus dem ersuchenden

Staate in den Herrschaftsbereich der Gerichtsbarkeit eines dritten Staates gelangen, der ihn wegen einer Straftat, für die die A. nicht bewilligt ist, verfolgt.

[8] Maßgebend ist der Zeitpunkt des tatsächlichen Eintritts in den Bereich der Gerichtsbarkeit des ersuchenden Staats.

[9] Durch diese Bestimmung ist die Streitfrage entschieden, ob die Aburteilung derjenigen Tat, wegen welcher die Auslieferung bewilligt ist, aus einem gegenüber der A.bewilligung veränderten rechtlichen Gesichtspunkte zulässig ist (vgl. Lammasch S. 763 ff., Ernst Müller S. 29 ff.). Vom RG. für die Aburteilung der an Deutschland ausgelieferten Personen bisher bejaht, soweit die Tat auch in der neuen rechtlichen Qualifikation ein A.delikt bilden würde oder die veränderte rechtliche Qualifikation der konkreten Tat nur zu einer Modifikation derselben Straftat im Rahmen des der A. zugrunde liegenden Strafgesetzes führen würde (RG. 30, 440; 31, 428; 34, 68; 34, 380; 36, 345; gegen diese Verwässerung des Spezialitätsgrundsatzes Cohn S. 358). Die Frage ist nunmehr zu verneinen, weil der veränderte rechtliche Gesichtspunkt einen anderen Rechtsgrund der Strafverfolgung darstellt, als in der A.bewilligung enthalten war, und dieser andere Rechtsgrund bereits vor der A. bestand, wenn er auch erst im Laufe des späteren Verfahrens entdeckt wurde. — Unzulässig ist auch die Aburteilung und Vollstreckung aus einem weiteren, neben dem in der A.bewilligung enthaltenen Rechtsgrunde, z. B. wegen Idealkonkurrenz mit einem weiteren Delikte.

[10] z. B. durch Ladungen, Vernehmungen, Untersuchungshaft, Polizeihaft, Strafverhängung, Strafvollstreckung, Weiterlieferung, Ausweisungsvollziehung.

[11] Bei Nichtverlassen des ersuchenden Staates innerhalb eines Monats werden sämtliche Eingriffe in die persönliche Sphäre des Verfolgten statthaft.

[12] Fristberechnung nach deutschem Rechte.

[13] Nur freiwilliges Verlassen, nicht z. B. Verlassen auf Grund Ausweisung oder in Geisteskrankheit oder unter Drohung hebt den Schutz des Spezialitätsgrundsatzes auf. Solange der Verfolgte keine Kenntnis von der Beendigung des

gegen ihn schwebenden Strafverfahrens hat, kann nicht unterstellt werden, daß der weitere Aufenthalt im ersuchenden Staate freiwillig ist, weil bei der Annahme, das Verfahren sei noch anhängig, für das weitere Verweilen die Furcht vor nochmaliger A. maßgebend sein kann (RG. 38, 111; Cohn S. 45).

[14] vgl. § 6 Anm. 13.

[15] Für die Rückkehr als Grund der Aufhebung des Schutzes der Spezialität gelten die in § 6 Anm. 13 angeführten Grundsätze entsprechend.

[16] Außer wenn der ersuchende Staat selbst mitgewirkt hat, daß der Verfolgte in das Gebiet der Gerichtsbarkeit des dritten Staates gelangt ist, z. B. durch Weiterlieferung, Ausweisungsvollziehung, vgl. § 6 Anm. 7.

§ 7.

Die Auslieferung darf nur bewilligt werden, wenn das Gericht sie für zulässig oder der Verfolgte sich zu Protokoll eines Richters mit ihr einverstanden erklärt hat.

§ 8.

(1) Der Staatsanwalt bei dem Oberlandesgerichte[1] bereitet die Entscheidung über die Auslieferung vor und führt die bewilligte Auslieferung durch[2].

(2) Für die gerichtliche Entscheidung über die Zulässigkeit der Auslieferung ist das Oberlandesgericht[1] zuständig[3].

[1] OLG.-Zuständigkeit zur Ermöglichung einheitlicher Rechtsprechung (Ausschuß, 13. Sitzung).

[2] Bestimmung der sachlichen Zuständigkeit der StA. im vorbereitenden Verfahren (analog §§ 158 ff. StPO.) und bei Vollziehung (analog § 451 StPO.). Im einzelnen: Anträge im Haftverfahren §§ 17 Abs. 2, 18 Abs. 2 u. 3; Enthaftung § 17 Abs. 2; vorläufige Festnahme § 21; Bestimmung der Haftanstalt § 22 Abs. 2; Antrag auf Vernehmung § 24; auf

Entscheidung über Zulässigkeit § 25; auf Wiederaufnahme § 29; auf Entscheidung über Zulässigkeit bei Zusatzersuchen § 31; auf Entscheidung über Zulässigkeit der Durchlieferung § 33 Abs. 2.

[3] Bestimmung der sachlichen Zuständigkeit des Gerichts: beschränkt auf Entscheidung über Zulässigkeit der A. und auf Gebiet der Haft.

§ 9.

(1) [1]Örtlich zuständig sind der Staatsanwalt und das Oberlandesgericht, in deren Bezirk der Verfolgte ergriffen[2] oder, falls eine Ergreifung nicht erfolgt, ermittelt wird[3].

(2) Werden mehrere Personen, die wegen Täterschaft, Teilnahme, Begünstigung oder Hehlerei bei derselben Tat ausgeliefert werden sollen, in den Bezirken verschiedener Oberlandesgerichte ergriffen oder ermittelt, so haben der Staatsanwalt oder das Oberlandesgericht die Sache zu bearbeiten, die zuerst mit ihr befaßt werden[4].

(3) Ist der Aufenthalt des Verfolgten nicht bekannt, so bestimmt das Reichsgericht den Staatsanwalt und das Oberlandesgericht, welche die Sache zunächst zu bearbeiten haben[5]. Wird der Verfolgte ergriffen oder ermittelt, so richtet sich die örtliche Zuständigkeit für das weitere Verfahren nach Abs. 1[6].

[1] Bestimmung der örtlichen Zuständigkeit der StA. und Gerichts.

[2] in erster Linie Gerichtsstand der Ergreifung, vgl. § 9 StPO.

[3] in zweiter Linie Gerichtsstand der Ermittlung, der StPO. unbekannt.

[4] Gerichtsstand des Zusammenhangs, vgl. § 3 StPO. nach dem Grundsatz der Priorität, vgl. § 12 Abs. 1 StPO.

[5] Gerichtsstand der Bestimmung, vgl. §§ 12 Abs. 2; 13 Abs. 2 S. 2; 14; 19 StPO., nur als vorläufiger.

[6] bisherige Maßnahmen werden nicht wiederholt.

§ 10.

(1) Ein Ausländer kann zum Zwecke der Auslieferung an eine ausländische Regierung nach dem Eingang des Ersuchens um Auslieferung[1] in Haft genommen werden, wenn die Gefahr besteht, daß er sich dem Auslieferungsverfahren oder der Durchführung der Auslieferung entziehen werde[2], oder wenn Tatsachen vorliegen, aus denen zu schließen ist[3], daß er in dem gegen ihn schwebenden Strafverfahren die Wahrheitsermittlung erschweren werde[4]; diese Tatsachen sind aktenkundig zu machen (Auslieferungshaft). Dies gilt nicht, wenn die Auslieferung von vornherein unzulässig erscheint.

(2) Die Auslieferungshaft kann unter den Voraussetzungen des Abs. 1 schon vor dem Eingang des Ersuchens um Auslieferung angeordnet werden, wenn eine zuständige Behörde des ausländischen Staates darum ersucht oder wenn ein Ausländer einer Tat, für welche die Auslieferung zulässig ist, dringend verdächtig erscheint (vorläufige Auslieferungshaft)[5].

[1] als sachliche Voraussetzung Eingang des Ersuchens erforderlich und genügend statt des in § 112 StPO. die Voraussetzung der Verhaftung bildenden dringenden Tatverdachtes, Grund: Unübersehbarkeit des im Ausland geführten Verfahrens.

[2] entspricht dem Fluchtverdacht des § 112 StPO. Es gilt aber nicht gesetzliche Vermutung des Fluchtverdachtes wie in § 112 Abs. 2 Ziff. 3 StPO. (Ministerialdir. Dr. Bumke und Abg. Dr. Alexander im Ausschuß, 13. Sitzung).

[3] Fassung übereinstimmend mit § 112 StPO.

[4] Kollusionsgefahr sachliche Voraussetzung der Haft nur bei A. zur Straf*verfolgung*.

[5] Sachliche Voraussetzung der vorläufigen Haft ist Eingang des Haftersuchens oder dringender Tatverdacht (wie in § 112 StPO.). Gesetzliche Vermutung des Fluchtverdachts des § 112 Abs. 2 Ziff. 3 StPO auch bei der vorläufigen Haft ausgeschlossen.

§ 11[1].

Über die Anordnung, Aufrechterhaltung, Vollstreckung oder Aufhebung der Auslieferungshaft und der vorläufigen Auslieferungshaft entscheidet das Oberlandesgericht[2].

[1] Bestimmung weiterer sachlicher Zuständigkeit des Gerichtes neben § 8 Abs. 2.

[2] vgl. jedoch § 17 Abs. 2.

§ 12[1].

(1) Die Auslieferungshaft und die vorläufige Auslieferungshaft werden durch schriftlichen Haftbefehl angeordnet.

(2) In dem Haftbefehl ist der Verfolgte und der Grund der Verhaftung zu bezeichnen. Auch ist anzugeben, an welchen Staat und wegen welcher Tat der Verfolgte ausgeliefert werden soll.

[1] vgl. § 114 Abs. 1 und 2 StPO.

§ 13.

(1) Der Haftbefehl ist dem Verfolgten, wenn möglich, bei der Verhaftung bekanntzumachen. Geschieht dies durch Verkündung, so ist der Verfolgte darauf hinzuweisen, daß ihm auf Verlangen eine Abschrift erteilt wird. Ist die Bekanntmachung bei der Verhaftung nicht erfolgt, so ist dem Verfolgten der Grund der Verhaftung vorläufig mitzuteilen. Die Bekanntmachung des Haftbefehls ist in diesem Falle unverzüglich nachzuholen[1].

(2) Dem Verfolgten ist Gelegenheit zu geben, Angehörige und, soweit er daran ein wesentliches Interesse hat, andere Personen von der Verhaftung zu benachrichtigen, sofern der Zweck der Haft dadurch nicht gefährdet wird[2].

[1] vgl. § 114 Abs. 3 StPO.

[2] vgl. § 114 a StPO. Doch braucht Benachrichtigung der Angehörigen wegen der damit verbundenen Schwierigkeiten nicht zu erfolgen.

§ 14[1].

Der Verfolgte ist unverzüglich, spätestens am Tage nach der Ergreifung, dem nächsten Amtsrichter vorzuführen. Der Richter hat ihn unverzüglich, spätestens am nächsten Tage, zu vernehmen.

[1] vgl. § 114 b StPO. Doch erfolgt Vernehmung nicht durch das im übrigen zuständige OLG., sondern durch den nächsten Amtsrichter, was in § 114 c Abs. 1 StPO. nur Ausnahme ist.

§ 15.

(1) Bei der Vernehmung sind die persönlichen Verhältnisse des Verfolgten, insbesondere seine Staatsangehörigkeit, zu ermitteln; es ist ihm Gelegenheit zu geben, sich zu der gegen ihn erhobenen Anschuldigung zu äußern[1].

(2) Bei der Vernehmung ist der Verfolgte ferner zu befragen, ob er Einwendungen gegen den Haftbefehl erhebe, und gegebenenfalls aufzufordern, die Tatsachen geltend zu machen, die gegen den Haftbefehl oder seine Vollstreckung sprechen[2, 3].

(3) Ergibt sich bei der Vernehmung, daß der Haftbefehl aufgehoben oder der Ergriffene nicht der in dem Haftbefehle bezeichnete Verfolgte ist, so ist der Ergriffene unverzüglich freizulassen[4].

[1] vgl. § 114 b Abs. 3 StPO., jedoch mit den durch Besonderheiten des A.verfahrens gebotenen Abweichungen.

[2] vgl. § 114 b Abs. 3 StPO. Die Abweichungen ergeben sich daraus, daß Vernehmung nicht durch OLG., sondern durch nächsten Amtsrichter erfolgt, der nur unter den Voraussetzungen des § 15 Abs. 3 die Freilassung verfügen kann.

[3] Entscheidung über Einwendungen vgl. § 16.

[4] vgl. § 114 c Abs. 3 StPO.

§ 16.

(1) Über die Einwendungen des Verfolgten gegen den Haftbefehl entscheidet das Oberlandesgericht[1].

(2) Das Oberlandesgericht kann anordnen, daß die Vollstreckung des Haftbefehls unterbleibt, wenn der Verfolgte Sicherheit dafür geleistet hat, daß er sich dem Auslieferungsverfahren und der Durchführung der Auslieferung nicht entziehen werde[2].

(3) Die §§ 118 bis 121 und § 122 Abs. 1, Abs. 2 Satz 1 und Abs. 3 der Strafprozeßordnung gelten entsprechend[3].

(4) Die Entscheidungen sind dem Verfolgten bekanntzumachen.

[1] die im Ausschuß angeregte Zuständigkeit des RG. für Haftbeschwerden wurde abgelehnt, so daß das OLG. über die gegen seine eigenen Haftbefehle eingelegten Beschwerden entscheidet.

[2] vgl. § 117 StPO. Befreiung gegen Sicherheitsleistung nur bei Fluchtverdacht, nicht bei Kollusionsgefahr.

[3] Strafprozeßordnung:

§ 118.

Die Sicherheitsleistung ist durch Hinterlegung in barem Gelde oder in Wertpapieren oder durch Pfandbestellung oder mittels Bürgschaft geeigneter Personen zu bewirken.

Die Höhe und die Art der zu leistenden Sicherheit wird von dem Richter nach freiem Ermessen festgesetzt.

§ 119.

Der Angeschuldigte, welcher seine Freilassung gegen Sicherheitsleistung beantragt, ist, wenn er nicht im Deutschen Reiche wohnt, verpflichtet, eine im Bezirke des zuständigen Gerichts wohnhafte Person zur Empfangnahme von Zustellungen zu bevollmächtigen.

§ 120.

Der Sicherheitsleistung ungeachtet ist der Angeschuldigte zur Haft zu bringen, wenn er Anstalten zur Flucht trifft, wenn er auf ergangene Ladung ohne genügende Entschuldigung ausbleibt, oder wenn neu hervorgetretene Umstände seine Verhaftung erforderlich machen.

§ 121.

Eine noch nicht verfallene Sicherheit wird frei, wenn der Angeschuldigte zur Haft gebracht, oder wenn der Haftbefehl aufgehoben worden ist, oder wenn der Antritt der erkannten Freiheitsstrafe erfolgt.

Diejenigen, welche für den Angeschuldigten Sicherheit geleistet haben, können ihre Befreiung dadurch herbeiführen, daß sie entweder binnen einer vom Gerichte zu bestimmenden Frist die Gestellung des Angeschuldigten bewirken oder von den Tatsachen, welche den Verdacht einer vom Angeschuldigten beabsichtigten Flucht begründen, rechtzeitig dergestalt Anzeige machen, daß die Verhaftung bewirkt werden kann.

§ 122.

Eine noch nicht freigewordene Sicherheit verfällt der Staatskasse, wenn der Angeschuldigte sich der Untersuchung oder dem Antritt der erkannten Freiheitsstrafe entzieht.

Vor der Entscheidung sind der Angeschuldigte sowie die, welche für den Angeschuldigten Sicherheit geleistet haben, zu einer Erklärung aufzufordern.

. . . .

Die den Verfall aussprechende Entscheidung hat gegen die, welche für den Angeschuldigten Sicherheit geleistet haben, die Wirkung eines von dem Zivilrichter erlassenen, für vorläufig vollstreckbar erklärten Endurteils und nach Ablauf der Beschwerdefrist die Wirkungen eines rechtskräftigen Zivilendurteils.

§ 17.

(1) [1]Der Haftbefehl ist aufzuheben[2], wenn der angegebene[3] Grund der Verhaftung weggefallen ist oder wenn die Auslieferung für unzulässig erklärt wird.

(2) [4]Der Haftbefehl ist ferner aufzuheben, wenn der Staatsanwalt es beantragt[5]. Gleichzeitig mit dem Antrag kann der Staatsanwalt die Freilassung des Verfolgten anordnen[6].

[1] anders § 123 StPO.
[2] zuständig OLG. gemäß § 11.
[3] nach § 10.
[4] vgl. § 126 StPO.
[5] dem Antrag muß vom OLG. stattgegeben werden.
[6] da die Aufhebung des Haftbefehls erfolgen muß.

§ 18.

(1) Befindet sich der Verfolgte in vorläufiger Auslieferungshaft[1], so hat das Oberlandesgericht nach Eingang des Ersuchens um Auslieferung unverzüglich über die Fortdauer der Auslieferungshaft[2] zu beschließen.

(2) Der Staatsanwalt beantragt[3] die Aufhebung des Haftbefehls, wenn der Verfolgte sich seit dem Tage der Verhaftung einen Monat in vorläufiger Auslieferungshaft befunden hat, ohne daß ein Beschluß des Oberlandesgerichts über die Fortdauer der Haft ergangen ist.

(3) Das Oberlandesgericht kann auf Antrag des Staatsanwalts die Dauer der vorläufigen Auslieferungshaft um einen Monat verlängern, soweit ein außereuropäischer Staat um die Festnahme ersucht hat.

(4) Die Entscheidungen sind dem Verfolgten bekanntzugeben.

[1] § 10 Abs. 2.

[2] § 10 Abs. 1.

[3] obligatorisch. Er kann schon vorher jederzeit gemäß § 17 Abs. 2 Aufhebung beantragen. Seine Anträge hat er nach dem jeweils in Frage kommenden A.vertrage einzurichten. Doch enthält § 18 Abs. 2 und 3 die zeitliche Grenze, über die vorläufige Haft nicht ausgedehnt werden darf.

§ 19.

Ist die vorläufige Auslieferungshaft infolge Fristablaufs nach § 18 Abs. 2 und 3[1] aufgehoben worden, so darf sie nicht von neuem angeordnet werden.

[1] Bei Aufhebung aus anderen Gründen ist erneute Anordnung zulässig.

§ 20.

[1]Befindet sich der Verfolgte in Auslieferungshaft, so hat das Oberlandesgericht vor Ablauf von je zwei Monaten seit dem Tage der Verhaftung oder seit dem Tage des letzten, die Fortdauer der Auslieferungshaft anordnenden Beschlusses von Amts wegen zu entscheiden, ob die Auslieferungshaft aufrechtzuerhalten ist[2].

[1] vgl. § 115 a StPO.

[2] die im Ausschusse gestellten Anträge, für die endgültige Auslieferungshaft (§ 10 Abs. 1) eine Höchstdauer zu beschließen, wurden mit Rücksicht auf die in einzelnen A.fällen bestehende Notwendigkeit längerer internationaler Verhandlungen abgelehnt.

§ 21.

(1) Liegen die Voraussetzungen der vorläufigen Auslieferungshaft[1] oder der Auslieferungshaft[2] vor, so kann der Staatsanwalt und jeder Beamte des Polizei-

und Sicherheitsdienstes einen Ausländer festnehmen oder festnehmen lassen; unter den Voraussetzungen des § 127 Abs. 1 der Strafprozeßordnung[3] ist jedermann zur Festnahme berechtigt[4].

(2) Die §§ 14 und 15 Abs. 1 und 2 gelten entsprechend. Ergibt sich bei der Vernehmung, daß das Festnahmeersuchen zurückgenommen oder daß der Festgenommene nicht die in dem Ersuchen bezeichnete Person ist, so ist er unverzüglich freizulassen.

(3) Über die Anordnung der vorläufigen Auslieferungshaft oder der Auslieferungshaft entscheidet das Oberlandesgericht.

[1] § 10 Abs. 2.

[2] § 10 Abs. 1.

[3] Strafprozeßordnung:

§ 127.

Wird jemand auf frischer Tat betroffen oder verfolgt, so ist, wenn er der Flucht verdächtig ist oder seine Persönlichkeit nicht sofort festgestellt werden kann, jedermann befugt, ihn auch ohne richterlichen Befehl vorläufig festzunehmen.

[4] praktisch seltener Fall. Im Ausschusse (13. Sitzung) gab Ministerialrat Dr. Mettgenberg folgendes Beispiel: Im internationalen D-Zug kann der auf der ausländischen Strecke bestohlene Reisende, der auf der deutschen Strecke den Täter ermittelt, diesen festnehmen, obwohl in Deutschland kein Strafverfahren eingeleitet werden kann.

§ 22.

(1) Für die vorläufige Auslieferungshaft und die Auslieferungshaft sowie für die Haft nach § 21 gelten die Vorschriften der Strafprozeßordnung über den Vollzug der Untersuchungshaft[1] entsprechend[2].

(2) Der Staatsanwalt bei dem Oberlandesgericht bestimmt die Anstalt, in welcher der Verfolgte zu verwahren ist.

(3) Die erforderlichen richterlichen Verfügungen trifft der Vorsitzende des Gerichts.

[1] in Frage kommt § 116 StPO.

[2] Strafprozeßordnung:

§ 116.

Der Verhaftete soll, soweit möglich, von anderen gesondert und nicht in demselben Raume mit Strafgefangenen verwahrt werden. Mit seiner Zustimmung kann von dieser Vorschrift abgesehen werden.

Dem Verhafteten dürfen nur solche Beschränkungen auferlegt werden, welche zur Sicherung des Zweckes der Haft oder zur Aufrechterhaltung der Ordnung im Gefängnis notwendig sind.

[2] Anspruch auf Entschädigung wegen unschuldig erlittener A.haft besteht nicht (Ergebnis der Erörterung im Ausschusse, 14. Sitzung), vgl. jedoch Allg. Verfügung vom 17. 2. 1922 (JMBl. 1922 S. 53)

§ 23.

(1) [1]Ist die vorläufige Auslieferungshaft oder die Auslieferungshaft angeordnet, der Aufenthalt des Verfolgten aber nicht bekannt[2], so kann der Staatsanwalt bei dem Oberlandesgericht einen Steckbrief erlassen.

[3](2) Der Steckbrief soll, soweit dies möglich ist, eine Beschreibung des Verfolgten enthalten und den Grund der Verhaftung angeben.

[4](3) Wird der Verfolgte auf Grund des Steckbriefs ergriffen, so richtet sich das weitere Verfahren nach den §§ 13 bis 15.

[1] vgl. § 131 Abs. 1 StPO.

[2] es genügt objektive Unkenntnis des Aufenthaltes, nicht erforderlich subjektiver Fluchtwille des Verfolgten wie in § 131 Abs. 1 StPO.

[3] vgl. § 131 Abs. 3 StPO.

[4] vgl. § 131 Abs. 4 StPO.

§ 24.

Nach dem Eingang des Ersuchens um Auslieferung beantragt der Staatsanwalt bei dem nach § 162 der Strafprozeßordnung[1] zuständigen Amtsrichter die Vernehmung des Verfolgten. Bei der Vernehmung ist dem Verfolgten Gelegenheit zu geben, sich zu dem Ersuchen zu äußern. Er ist[2] auch zu befragen, ob er sich mit der Auslieferung einverstanden erklärt[3].

[1] Strafprozeßordnung:

§ 162.

Erachtet die Staatsanwaltschaft die Vornahme einer richterlichen Untersuchungshandlung für erforderlich, so stellt sie ihre Anträge bei dem Amtsrichter des Bezirkes, in welchem diese Handlung vorzunehmen ist.

Der Amtsrichter hat zu prüfen, ob die beantragte Handlung nach den Umständen des Falles gesetzlich zulässig ist.

[2] obligatorisch.

[3] über die rechtliche Bedeutung der Erklärung ist der Verfolgte zu belehren (Begr. S. 12).

§ 25.

(1) Hat sich der Verfolgte nicht zu Protokoll eines Richters[1] mit der Auslieferung einverstanden erklärt[2], so beantragt der Staatsanwalt die Entscheidung des Oberlandesgerichts darüber, ob die Auslieferung zulässig ist.

(2) Der Staatsanwalt kann die Entscheidung des Oberlandesgerichts auch dann beantragen, wenn sich der Verfolgte mit der Auslieferung einverstanden erklärt hat.

[1] OLG. oder Amtsgericht.

[2] über die rechtliche Bedeutung der Erklärung ist der Verfolgte zu belehren (Begr. S. 12).

§ 26.

(1) Das Oberlandesgericht kann[1] vor der Entscheidung den Verfolgten vernehmen und Beweise über die Zulässigkeit der Auslieferung erheben; es kann[1] die Vernehmung und die Beweiserhebung durch einen beauftragten oder ersuchten Richter veranlassen. Es kann[1] auch eine mündliche Verhandlung anordnen.

[2](2) Von Ort und Zeit der Beweiserhebung oder der mündlichen Verhandlung sind der Staatsanwalt, der Verfolgte und sein Rechtsbeistand zu benachrichtigen. Ist der Verfolgte nicht auf freiem Fuße, so ist er zu der Beweiserhebung oder der mündlichen Verhandlung vorzuführen, es sei denn, daß er auf die Anwesenheit verzichtet oder daß der Vorführung weite Entfernung oder Krankheit des Verfolgten oder andere nicht zu beseitigende Hindernisse entgegenstehen.

(3) Bei der mündlichen Verhandlung muß der Staatsanwalt anwesend sein. Wird der Verfolgte zur mündlichen Verhandlung nicht vorgeführt, so muß ein Rechtsbeistand seine Rechte wahrnehmen[3]. Den Beteiligten ist in der Verhandlung Gelegenheit zu geben, sich zur Sache zu äußern. Der § 245 Abs. 1 der Strafprozeßordnung[4] gilt entsprechend; im übrigen bestimmt das Gericht Art und Umfang der Beweisaufnahme, ohne durch Anträge, Verzichte oder frühere Beschlüsse gebunden zu sein[5]. Über die Verhandlung ist ein Protokoll aufzunehmen[6].

[1] die im Ausschusse (16. Sitzung) beantragte Umwandlung in Mußvorschrift wurde abgelehnt.

[2] analog § 115 d StPO. mit der Änderung, daß die Beweisaufnahme auf die präsenten Beweismittel grundsätzlich wie in § 245 Abs. 1 StPO. auszudehnen ist.

[3] d. h. es muß ihm ein Rechtsbeistand bestellt werden, der aber in der mündlichen Verhandlung nicht anwesend zu sein

braucht, sondern der selbst entscheiden kann, in welcher Weise er die Rechte des Verfolgten wahrnehmen will (Ergebnis der Erörterung im Ausschusse, 18. Sitzung).

[4] Strafprozeßordnung:

§ 245 Abs. 1.

Die Beweisaufnahme ist auf die sämtlichen vorgeladenen Zeugen und Sachverständigen sowie auf die anderen herbeigeschafften Beweismittel zu erstrecken, es sei denn, daß die Beweiserhebung zum Zwecke der Prozeßverschleppung beantragt ist. Dies gilt auch dann, wenn die Ladung und das Erscheinen der Zeugen oder Sachverständigen oder die Herbeischaffung der anderen Beweismittel erst während der Hauptverhandlung erfolgt. Von der Erhebung einzelner Beweise kann jedoch abgesehen werden, wenn die Staatsanwaltschaft und der Angeklagte hiermit einverstanden sind.

[5] Antrag, auch § 244 StPO. in § 26 zu zitieren, wurde im Ausschusse (16. Sitzung) abgelehnt, hauptsächlich weil keine Rechtsmittelinstanz vorhanden ist, praktisch also das OLG. dennoch in der Bestimmung des Umfangs der Beweisaufnahme frei wäre.

[6] Im übrigen sind die Vorschriften der StPO. über die Hauptverhandlung für die mündliche Verhandlung dieses Gesetzes nicht anwendbar.

§ 27.

(1) Hält das Oberlandesgericht eine Entscheidung des Reichsgerichts für geboten, um eine Rechtsfrage von grundsätzlicher Bedeutung zu klären, oder will es von einer nach dem Inkrafttreten dieses Gesetzes ergangenen Entscheidung des Reichsgerichts über eine Rechtsfrage in Auslieferungssachen abweichen, so begründet es seine Auffassung und holt die Entscheidung des Reichsgerichts über die Rechtsfrage ein.

(2) Die Entscheidung des Reichsgerichts wird auch eingeholt, wenn der Oberreichsanwalt oder der Staatsanwalt[1] sie zur Klärung einer Rechtsfrage beantragen.

(3) Die Entscheidung des Reichsgerichts ist in der Sache für das Oberlandesgericht bindend. Sie ergeht ohne mündliche Verhandlung.

[1] Antrag, auch dem Verfolgten dieses Recht einzuräumen, wurde im Ausschusse (13. und 14. Sitzung) abgelehnt. Doch kann der Verfolgte seine Rechtsansicht dem Reichsgericht schriftsätzlich mitteilen (Ministerialdirektor Dr. Bumke im Ausschusse, 13. Sitzung).

§ 28.

Der Beschluß über die Zulässigkeit[1] der Auslieferung ist zu begründen. Er ist nicht anfechtbar. Er wird dem Staatsanwalt und dem Verfolgten bekanntgemacht.

[1] und die Unzulässigkeit (übereinstimmende Ansicht des Ausschusses und der Regierungsvertreter, 13. Sitzung).

§ 29.

(1) [1]Treten, nachdem das Gericht die Auslieferung für zulässig erklärt hat, Umstände ein, die es zweifelhaft erscheinen lassen, ob die Voraussetzungen der Zulässigkeit noch bestehen, so hat das Gericht auf Antrag des Staatsanwalts oder des Verfolgten über die Zulässigkeit der Auslieferung aufs neue zu beschließen.

(2) [2]Das Gericht kann einen Aufschub der Durchführung der Auslieferung[3] anordnen.

(3) Für das Verfahren gelten die §§ 26 bis 28.

[1] Wiederaufnahmeverfahren, vgl. §§ 359 ff. StPO.

[2] vgl. § 360 StPO.

[3] wegen § 7 muß das Gericht auch dem Aufschub der Bewilligung der A. anordnen können.

§ 30.

Ist der Verfolgte auf freiem Fuße, so kann der Staatsanwalt gegen ihn zum Zwecke der Durchführung der Auslieferung einen Vorführungs- oder Haftbefehl erlassen. Entzieht sich der Verfolgte der Durchführung der Auslieferung, so kann der Staatsanwalt auch einen Steckbrief erlassen.

§ 31.

(1) [1]Ist die Auslieferung durchgeführt[2] und ersucht die ausländische Regierung um die Zustimmung zur Strafverfolgung, Strafvollstreckung oder Weiterlieferung wegen einer Tat[3], für welche die Auslieferung nicht bewilligt ist[4], so darf die Zustimmung nur erteilt werden[5], wenn die Auslieferung des Verfolgten wegen der Tat zulässig sein würde[6] und der Ausgelieferte sich zu Protokoll eines Richters des ausländischen Staates mit der beabsichtigten Maßnahme einverstanden erklärt[7] oder das Gericht entschieden hat, daß die Auslieferung zulässig sein würde[8].

(2) Der Antrag auf gerichtliche Entscheidung wird von dem Staatsanwalte gestellt, der mit der Auslieferung befaßt gewesen ist. Die gerichtliche Entscheidung kann auch dann herbeigeführt werden, wenn das Einverständnis des Ausgelieferten mit der beabsichtigten Maßnahme vorliegt[9].

(3) Für das Verfahren gelten die §§ 26 bis 29 entsprechend mit der Maßgabe, daß die Vernehmung oder Vorführung des Ausgelieferten nur mit Zustimmung des Staatsanwalts angeordnet werden kann.

[1] vgl. § 6. § 31 enthält keine Durchbrechung des Spezialitätsprinzips, sondern regelt das Verfahren zur Sicherung dieses Grundsatzes.

[2] Ist die A. lediglich für zulässig erklärt oder bewilligt, so gilt nicht § 31, sondern das Zusatzbegehren unterliegt als neues A.begehren den §§ 7 bis 30.

[3] vgl. § 6 Anm. 3.

[4] vgl. § 6 Anm. 4.

[5] Zustimmung entspricht der Bewilligung des § 7; Zuständigkeit wie im § 43 a.

[6] Erscheint A. von vornherein unzulässig, hat die Verwaltungsbehörde die Zustimmung selbständig zu verweigern; erscheint Zulässigkeit gegeben oder zweifelhaft, so gelten Voraussetzungen ähnlich denen des § 7.

[7] dem richterlichen Protokoll des § 7 ist hier, da sich der Verfolgte bereits im Auslande befindet, das Protokoll des ausländischen Richters gleichgestellt. Die gegen diese Bestimmung im Ausschusse (14. Sitzung) geäußerten Bedenken sind nicht durchgedrungen.

[8] analog § 25 Abs. 1.

[9] analog § 25 Abs. 2; Einverständnis zu Protokoll des ausländischen Richters auch hier erforderlich (Ausschuß, 18. Sitzung).

§ 32.

(1) Der Verfolgte kann sich in jeder Lage des Verfahrens des Beistandes eines Rechtsanwalts oder eines Rechtslehrers an einer deutschen Hochschule bedienen[1]. Die Wahl des Rechtsbeistandes ist dem Staatsanwalte bei dem Oberlandesgericht anzuzeigen.

(2) Hat das Oberlandesgericht nach § 26 Abs. 1 eine mündliche Verhandlung angeordnet, so hat[2] der Vorsitzende des Gerichts gleichzeitg dem Verfolgten, der noch keinen Rechtsbeistand gewählt hat, für die Verhandlung einen Rechtsanwalt als Rechtsbeistand beizuordnen[3].

(3) Der Rechtsbeistand kann die dem Gerichte vorliegenden Akten über das Auslieferungsverfahren einsehen[4]. Ihm ist schriftlicher und mündlicher Verkehr mit dem verhafteten Verfolgten gestattet. Der Vorsitzende des Gerichts kann bis zur Anordnung einer mündlichen Verhandlung schriftliche Mitteilungen zurückweisen, wenn deren Einsicht ihm nicht gewährt

wird. Er kann bis zur Anordnung einer mündlichen Verhandlung anordnen, daß Unterredungen mit dem Rechtsbeistand in seiner Gegenwart oder in Gegenwart eines beauftragten oder ersuchten Richters stattfinden[5].

(4) Der beigeordnete Rechtsanwalt ist verpflichtet, die Beistandsleistung zu übernehmen.

[1] vgl. §§ 137, 138 Abs. 1 StPO. Nach dem Grundsatze des § 46 können auch die in § 138 Abs. 2 StPO. genannten Personen als Rechtsbeistände zugelassen werden, auch Ausländer (Mettgenberg im Ausschusse, 14. Sitzung).

[2] in anderen Fällen kann er es gemäß § 46 in Verbindung mit § 141 StPO.

[3] notwendiger Rechtsbeistand, vgl. § 140 Abs. 4 StPO. — §§ 143, 144 Abs. 1 StPO. gelten entsprechend (§ 46).

[4] vgl. § 147 StPO.

[5] vgl. § 148 StPO.

§ 33.

(1) Ein Ausländer, der von der Behörde eines ausländischen Staates wegen einer strafbaren Handlung verfolgt wird oder verurteilt worden ist, kann auf Ersuchen einer zuständigen Behörde dieses Staates durch das Gebiet des Deutschen Reichs durchgeliefert werden, wenn die Auslieferung des Verfolgten zulässig sein würde (§§ 1 bis 6)[1].

(2) Für das Verfahren gelten die §§ 8, 32 Abs. 1 und 3 entsprechend mit folgender Maßgabe:

1. Einer gerichtlichen Entscheidung über die Zulässigkeit der Auslieferung bedarf es nicht. Auf Antrag des Staatsanwalts hat das Oberlandesgericht über die Zulässigkeit der Auslieferung zu beschließen[2]. Die §§ 26 bis 31 gelten entsprechend; die Vernehmung oder Vorführung des Verfolgten kann nur mit Zustimmung des Staatsanwalts angeordnet werden.

2. Die Reichsregierung regelt mit Zustimmung des Reichsrats die örtliche Zuständigkeit des Staatsanwalts und des Oberlandesgerichts.

(3) Die Durchlieferung darf nicht bewilligt werden, wenn das Gericht erklärt hat, daß die Auslieferung unzulässig sein würde.

[1] sachliche Zuständigkeit: § 44.

[2] erscheint Durchlieferung der Verwaltungsbehörde unzulässig, ist sie zu verweigern. Erscheint sie zulässig, kann sie Durchlieferung bewilligen, ohne an Voraussetzungen des § 7 gebunden zu sein. In Zweifelsfällen kann sie die Frage der Zulässigkeit durch das Gericht klären lassen. Erklärt das Gericht Durchlieferung für unzulässig, ist Verwaltungsbehörde daran gebunden, so daß sie Durchlieferungsersuchen abzulehnen hat.

Zweiter Abschnitt.

Herausgabe von Gegenständen.

§ 34.

(1) Auf Ersuchen[1] einer zuständigen Behörde[2] eines ausländischen Staates[3] können der Regierung dieses Staates herausgegeben werden:

1. Gegenstände, die als Beweismittel für ein ausländisches Strafverfahren von Bedeutung sein können[4],
2. Gegenstände, die in einem ausländischen Strafverfahren der Einziehung oder Verfallerklärung unterliegen[5],
3. Gegenstände im Besitze des Verfolgten, die er oder ein Teilnehmer im Ausland durch die strafbare Handlung, wegen deren er verfolgt wird, oder als Entgelt für solche Gegenstände erlangt hat[6],
4. Gegenstände, die bei einer Durchlieferung[7] mit dem Verfolgten übernommen werden.

(2) Die Herausgabe ist nur zulässig, wenn die Gegenseitigkeit verbürgt ist[8] und in dem Strafverfahren, für das die Herausgabe geschehen soll, eine Auslieferung nach den §§ 2, 3 und 4 Nr. 2 und 3 zulässig sein würde[9].

[1] vgl. § 1 Anm. 7.

[2] vgl. § 1 Anm. 8.

[3] vgl. § 1 Anm. 4.

[4] vgl. § 94 StPO.

[5] vgl. § 94 StPO.

[6] wegen der einzelnen Begriffe vgl. Kommentare zu § 259 StGB.

[7] § 33.

[8] vgl. § 4 Anm. 1.

[9] Herausgabe auch zulässig, wenn das Strafverfahren im Auslande gegen Reichsangehörige betrieben wird.

§ 35.

(1) Die Herausgabe ist nur zulässig, wenn die ausländische Regierung verpflichtet ist[1], die Rechte dritter Personen unberührt zu lassen und im Falle eines bei der Übergabe gemachten Vorbehalts die herausgegebenen Gegenstände auf Verlangen unverzüglich zurückzugeben.

(2) Soll die Herausgabe ohne Zusammenhang mit der Auslieferung oder Durchlieferung eines Verfolgten geschehen, so ist sie nur zulässig, wenn ein Beschlagnahmebeschluß vorliegt[2], der von einer zuständigen Behörde[3] des ausländischen Staates[4] erlassen ist.

[1] keine Sonderverpflichtung für konkreten Fall erforderlich; es muß „Gewähr dafür bestehen", vgl. § 6 Anm. 1.

[2] Bei unselbständiger, akzessorischer Herausgabe genügt der gegen den Verfolgten erlassene Haftbefehl oder das Straferkenntnis (§ 5). Bei selbständiger Herausgabe ist besonderer Be-

schlagnahmebeschluß erforderlich. Für dessen Erfordernisse gelten die in § 5 Anm. 2 aufgestellten Grundsätze entsprechend.

[3] vgl. § 5 Anm. 4.

[4] vgl. § 5 Anm. 5.

§ 36.

Bei der Herausgabe ist Beteiligter, wer an dem Gegenstand ein Recht geltend macht.

§ 37.

(1) Der Staatsanwalt bei dem Oberlandesgerichte[1] bereitet die Entscheidung über die Herausgabe vor und führt die bewilligte Herausgabe durch[2].

(2) Das Oberlandesgericht entscheidet über die Zulässigkeit der Herausgabe[3], wenn[4] der Staatsanwalt oder ein Beteiligter es beantragt.

(3) Erklärt das Gericht die Herausgabe für zulässig, so kann das Gericht dem Beteiligten, der die gerichtliche Entscheidung beantragt hat, die der Staatskasse erwachsenen Kosten auferlegen.

[1] vgl. § 8 Anm. 1.

[2] vgl. § 8 Anm. 2.

[3] vgl. § 8 Anm. 3.

[4] grundsätzlich kann Verwaltungsbehörde Entscheidung über Herausgabeersuchen, Bewilligung oder Ablehnung selbständig treffen. Erscheint ihr die Herausgabe unzulässig, ist sie abzulehnen. Beantragt StA. oder Beteiligter gerichtliche Entscheidung, hat das Gericht über die Zulässigkeit zu entscheiden. Erklärt Gericht Herausgabe für unzulässig, gilt § 40.

§ 38.

(1) Örtlich zuständig sind, wenn die Herausgabe im Zusammenhange mit der Auslieferung oder Durchlieferung eines Verfolgten geschehen soll, der Staatsanwalt und das Oberlandesgericht, die in dem Ver-

fahren über die Auslieferung oder Durchlieferung zuständig sind[1], wenn die Herausgabe ohne Zusammenhang mit einer Auslieferung oder Durchlieferung geschehen soll, der Staatsanwalt und das Gericht, in deren Bezirk sich die begehrten Gegenstände befinden. Wird die Herausgabe mehrerer Gegenstände begehrt, die sich in verschiedenen Bezirken befinden, so haben der Staatsanwalt und das Gericht die Sache zu bearbeiten, die zuerst mit der Sache befaßt werden[2].

(2) Die §§ 26 bis 29 und 32 Abs. 1 und 3 Satz 1 gelten entsprechend; an die Stelle des Verfolgten treten die Beteiligten.

[1] örtl. Zuständigkeit bei unselbständiger Herausgabe. Vgl. § 9 Anm. 1 bis 6.

[2] örtl. Zuständigkeit bei selbständiger Herausgabe.

§ 39.

(1) Gegenstände, deren Herausgabe an eine ausländische Regierung zulässig ist, können nach Eingang des Ersuchens[1] um Herausgabe sichergestellt oder beschlagnahmt werden.

(2) Die Entscheidungen nach § 159 des Gerichtsverfassungsgesetzes[2] erfolgen auf Antrag des Staatsanwalts bei dem Oberlandesgerichte.

[1] Analog § 10 Abs. 1 (A.haft). Dagegen keine vorläufige Sicherstellung oder Beschlagnahme analog § 10 Abs. 2 zulässig.

[2] Gerichtsverfassungsgesetz:

§ 159.

Wird das Ersuchen abgelehnt oder wird der Vorschrift des § 158 Abs. 2 zuwider dem Ersuchen stattgegeben, so entscheidet das Oberlandesgericht, zu dessen Bezirk das ersuchte Gericht gehört. Eine Anfechtung dieser Entscheidung findet nur statt, wenn sie die Rechtshilfe für unzulässig erklärt und das ersuchende und das ersuchte Gericht den Bezirken verschiedener Oberlandesgerichte angehören. Über die Beschwerde entscheidet das Reichsgericht.

Die Entscheidungen erfolgen auf Antrag der Beteiligten oder des ersuchenden Gerichts ohne vorgängige mündliche Verhandlung.

§ 158.

Das Ersuchen darf nicht abgelehnt werden.

Das Ersuchen eines nicht im Instanzenzuge vorgesetzten Gerichts ist jedoch abzulehnen, wenn dem ersuchten Gerichte die örtliche Zuständigkeit mangelt oder die vorzunehmende Handlung nach dem Rechte des ersuchten Gerichts verboten ist.

§ 40.

Die Herausgabe darf nicht bewilligt werden, wenn das Gericht sie für unzulässig erklärt hat.

Dritter Abschnitt.

Sonstige Rechtshilfe in Strafsachen.

§ 41.

(1) Rechtshilfe in Strafsachen ist auch in anderer Weise als durch Auslieferung, Durchlieferung oder Herausgabe von Gegenständen zulässig, wenn eine zuständige Behörde[1] eines ausländischen Staates[2] darum ersucht[3] und die Gegenseitigkeit verbürgt ist[4, 5].

(2) Auf Antrag des Staatsanwalts entscheidet das Oberlandesgericht darüber, ob diese Voraussetzungen vorliegen. Die Vorschriften der § 26 Abs. 1 Satz 1, §§ 27 bis 29 gelten entsprechend. Die Rechtshilfe darf nicht gewährt werden, wenn das Gericht sie für unzulässig erklärt hat[6].

(3) Rechtshilfe kann insbesondere[7] dadurch gewährt werden, daß

1. behördliche Auskunft, namentlich Auskunft aus dem Strafregister, erteilt wird,
2. die ein Strafverfahren betreffenden Schriftstücke zugestellt und Ladungen bewirkt werden,
3. Untersuchungshandlungen vorgenommen werden, namentlich die Vernehmung von Beschuldigten, Zeugen und Sachverständigen, die Beschlagnahme und Durchsuchung und die Einnahme des richterlichen Augenscheins,
4. verhaftete Personen ausländischen Behörden zugeführt werden, damit sie als Zeugen vernommen oder anderen Personen gegenübergestellt werden.

[1] vgl. § 1 Anm. 8.

[2] vgl. § 1 Anm. 4.

[3] vgl. § 1 Anm. 7.

[4] vgl. § 4 Anm. 1.

[5] Rechtshilfe auch zulässig, wenn das ausländische Strafverfahren gegen Reichsdeutschen betrieben wird.

[6] Mitwirkung des Gerichts grundsätzlich unnötig, jedoch auf Antrag der StA. notwendig. Gericht hat nicht über Zulässigkeit der Rechtshilfe im allgemeinen, sondern nur über zwei Zulässigkeitsbedingungen zu entscheiden (Vorliegen des Ersuchens und Gegenseitigkeitsverbürgung). Unzulässigkeitsentscheidung ist für Verwaltungsbehörde bindend.

[7] also nur Aufzählung von Beispielen, die praktisch jedoch erschöpfend sein dürfte.

§ 42.

[1]Die zur Leistung der Rechtshilfe berufene Behörde hat dem Ersuchen zu entsprechen, wenn die Voraussetzungen vorliegen, unter denen von ihr eine deutsche Behörde Rechtshilfe beanspruchen könnte[2]. Die Entscheidungen nach § 159 des Gerichtsverfassungsgesetzes[3] erfolgen auf Antrag des Staatsanwalts bei dem Oberlandesgerichte.

[1] § 42 betrifft nicht, sondern setzt voraus die von der Verwaltungsbehörde ausgesprochene Bewilligung.

[2] vgl. §§ 156 ff. StPO. Hierdurch wird erreicht, daß ausländischen Behörden Rechtshilfe höchstens im Umfange innerdeutscher Rechtshilfe gewährt werden kann.

[3] Text vgl. § 39 Anm. 2.

§ 43.

(1) [1]Die Ladung von Zeugen oder Sachverständigen zum Erscheinen vor ausländischen Behörden ist nur zulässig, wenn diese verpflichtet sind[2], die geladenen Personen ohne Rücksicht auf ihre Staatsangehörigkeit weder wegen Täterschaft, Teilnahme, Hehlerei oder Begünstigung bei der den Gegenstand der Untersuchung bildenden oder einer anderen vor der Ausreise aus dem Gebiete des Deutschen Reichs[3] begangenen Straftat[4] zu verfolgen oder zu bestrafen noch aus einem sonstigen vorher eingetretenen Rechtsgrund[5] in ihrer persönlichen Freiheit zu beschränken[6], es sei denn, daß diese innerhalb einer Woche nach dem Tage, an dem sie entlassen werden und die Ausreise möglich ist[7], das Gebiet der ausländischen Regierung[8] nicht verlassen.

(2) Die Zuführung einer verhafteten Person ist nur unter entsprechenden Bedingungen zulässig[9].

[1] Verhinderung der Umgehung deutscher A.verbote und des deutschen A.verfahrens durch ersuchenden Staat.

[2] Genügend, daß „Gewähr dafür besteht", vgl. § 6 Anm. 1.

[3] Vgl. § 6 Anm. 8.

[4] Vgl. § 6 Anm. 9.

[5] Vgl. § 6 Anm. 8 und 9.

[6] Vgl. § 6 Anm. 10.

[7] Vgl. § 6 Anm. 13.

[8] Vgl. § 6 Anm. 11.

[9] Bei Zuführung verhafteter Personen genügt nicht, daß „Gewähr dafür besteht“ (vgl. § 6 Anm. 1), sondern es ist ausdrückliche Zusicherung freien Geleits im konkreten Falle erforderlich.

Vierter Abschnitt.

Schlußbestimmungen.

§ 44.

(1) Zur Entscheidung über die Ersuchen der ausländischen Regierungen[1] ist die Reichsregierung zuständig[2].

(2) Die Reichsregierung kann die Ausübung ihrer Befugnisse den Landesregierungen übertragen[3]. Diese haben das Recht der weiteren Übertragung[4].

[1] Vgl. § 1 Anm. 7 und 8.

[2] Bestimmung der sachlichen Zuständigkeit für die Entscheidungen (Bewilligung oder Ablehnung). Zuständig ist Verwaltungsbehörde. Zuständig ist das Reich, weil es sich grundsätzlich die Möglichkeit erhalten will, in politisch wichtigen Fällen selbst zu entscheiden. Reichszuständigkeit wurde im Reichstag gegen heftigen bayerischen föderalistischen Widerstand angenommen. Der bayerische Standpunkt, daß § 43 a verfassungsändernd sei, weil er eine Änderung des Art. 78 RV. enthalte — zu den „Beziehungen zu den ausländischen Staaten“ gehöre nicht die A., die vielmehr als Ausfluß der Justiz- und Polizeihoheit den Ländern zustehe —, wurde von den Regierungsvertretern und den Parteien allseitig abgelehnt.

[3] Nach den Erklärungen der Vertreter der Reichsbehörden im Ausschusse (15. Sitzung) soll diese Delegation in der Praxis die Regel bilden.

[4] In den Fällen, in denen die Reichsregierung nicht selbst entscheiden will, soll es den Ländern überlassen bleiben, die nach ihrem inneren Aufbau zweckmäßigsten Behörden mit der Entscheidung zu beauftragen.

§ 45.

Kosten der Rechtshilfe in Strafsachen, die bei deutschen Behörden entstehen, können deutscherseits übernommen werden[1], wenn die Gegenseitigkeit verbürgt ist[2].

[1] d. h. ohne Ersatzforderung.

[2] vgl. § 52 S. 2: eventuelle Festsetzung von Gebühren.

§ 46.

(1) [1]Vereinbarungen mit ausländischen Regierungen über die Rechtshilfe in Strafsachen bedürfen nicht der Zustimmung des Reichstags, wenn sie den Vorschriften dieses Gesetzes entsprechen.

(2) Die Vereinbarungen sind im Reichsgesetzblatt zu veröffentlichen und dem Reichstag bei seinem nächsten Zusammentritt zur Kenntnis zu bringen.

[1] Diese Bestimmung wurde im Ausschusse nach Kämpfen angenommen. Es wurde der Auffassung Ausdruck verliehen, § 46 sei wegen Art. 7 Ziff. 3 und Art. 45 Abs. 3 RV. verfassungsändernd. Demgegenüber erklärte der Vertreter des Reichsjustizministeriums, Dr. Mettgenberg, im Ausschusse, 14. Sitzung: Man habe § 46 lediglich zur Klarstellung in den Entwurf aufgenommen. Wenn der Reichstag § 46 streiche, sei die Rechtslage dieselbe. Nach Art. 45 Abs. 3 RV. seien Verträge mit dem Ausland dem Reichstag zur Zustimmung vorzulegen, wenn sie sich auf Gegenstände der Reichsgesetzgebung beziehen. Nach ständiger Staatspraxis seien Verträge, die sich auf Gegenstände der Reichsgesetzgebung beziehen, solche, die zu ihrer Durchführung im Innern eines Reichsgesetzes bedürfen. Weil A.verträge meist Bestimmungen enthielten, deren Durchführung im Innern nur auf Grund Reichsgesetzes möglich sei, müßten A.verträge dem Reichstag zur Zustimmung vorgelegt werden. A.verträge aber, die im Rahmen des A.gesetzes blieben, bedürften zur innerstaatlichen Durchführung keines weiteren Reichsgesetzes mehr, brauchten

also auch dem Reichstag nicht mehr vorgelegt zu werden. Bei Zweifeln im Einzelfalle, ob ein A.vertrag sich im Rahmen des A.gesetzes halte, werde die Reichsregierung schon aus Gründen der Vorsicht den Vertrag dem Reichstag vorlegen. Auf diese Erklärung hin wollte ein Antrag Dr. Rosenfeld die ausdrückliche Bestimmung in das Gesetz aufgenommen haben, daß Rechtshilfeverträge der Zustimmung des Reichstags bedürften. Gerade eine solche Bestimmung aber wurde unter der Voraussetzung, daß die Rechtsauffassung des Reichsjustizministeriums richtig sei, für verfassungsändernd gehalten. Nach anfänglicher völliger Streichung im Unterausschusse wurde schließlich § 46 zur Klarstellung in das Gesetz aufgenommen.

§ 47.

Für das Verfahren nach diesem Gesetze gelten, soweit es nicht anderes bestimmt, die Vorschriften des Gerichtsverfassungsgesetzes und der Strafprozeßordnung[1].

[1] Für sämtliche internationale Rechtshilfehandlungen deutscher Behörden ist also deutsches Recht anzuwenden (locus regit actum).

§ 48.

Die in diesem Gesetze dem Reichsgericht oder den Oberlandesgerichten zugewiesenen Geschäfte erledigt der Strafsenat, die dem Vorsitzenden des Gerichts zugewiesenen Geschäfte der Vorsitzende des Strafsenats.

§ 49.

Durch die Gesetzgebung eines Landes, in dem mehrere Oberlandesgerichte errichtet sind, können die nach diesem Gesetze den Oberlandesgerichten und den bei diesen bestehenden Staatsanwaltschaften zugewiesenen Aufgaben ausschließlich einem der Oberlandesgerichte und der bei diesem bestehenden Staatsanwaltschaft oder

an deren Stelle dem Obersten Landesgericht und der bei diesem bestehenden Staatsanwaltschaft übertragen werden.

§ 50.

Die Strafprozeßordnung in der Fassung vom 22. März 1924 (Reichsgesetzbl. I S. 322) wird wie folgt geändert:

[1]1. Hinter § 154 wird folgender § 154a eingestellt:

§ 154a[2].

Von der Erhebung der öffentlichen Klage kann abgesehen werden, wenn der Beschuldigte wegen der Tat einer ausländischen Regierung ausgeliefert wird.

Das gleiche gilt, wenn er wegen anderer Taten einer ausländischen Regierung ausgeliefert wird und die Strafe, zu der die inländische Verfolgung führen kann, neben der Strafe, zu der er im Ausland rechtskräftig verurteilt worden ist oder die er im Ausland zu erwarten hat, nicht ins Gewicht fällt.

Ist in den Fällen des Abs. 1 und 2 die öffentliche Klage bereits erhoben, so stellt das Gericht auf Antrag der Staatsanwaltschaft das Verfahren vorläufig ein. § 154 Abs. 3 bis 5 gilt mit der Maßgabe entsprechend, daß die Frist im Abs. 4 ein Jahr beträgt.

2. Hinter § 456 wird folgender § 456a eingestellt:

§ 456a.

Von der Vollstreckung der Freiheitsstrafe kann abgesehen werden, wenn der Verurteilte wegen einer anderen Tat einer ausländischen Regierung ausgeliefert wird.

[1] Weitere Durchbrechung des Legalitätsprinzips zugunsten des Opportunitätsprinzips.

[2] Vgl. § 154 StPO.

§ 51.

Die Gebührenordnung für Rechtsanwälte in der Fassung der Bekanntmachung vom 20. Mai 1898 (Reichsgesetzbl. S. 369, 692) wird wie folgt geändert:

Hinter § 75 wird folgender Abschnitt 4a eingestellt:

4a. Abschnitt.

Gebühren für Beistandsleistung im zwischenstaatlichen Rechtshilfeverkehr.

§ 75a.

Der Rechtsanwalt erhält für die Beistandsleistung nach §§ 32, 33 oder 38 Abs. 2 des Deutschen Auslieferungsgesetzes 40 Mark.

Für die Beistandsleistung bei einer mündlichen Verhandlung erhält er 80 Mark. Erstreckt sich die Verhandlung auf mehrere Tage, so erhöht sich die Gebühr für jeden weiteren Tag um fünf Zehnteile.

§ 75b.

Die im § 75a festgesetzten Gebühren umfassen die Anfertigung der Anträge, Gesuche und Erklärungen an alle beteiligten Behörden.

§ 75c.

Ist ein Rechtsanwalt gemeinschaftlicher Rechtsbeistand für mehrere Verfolgte, so erhöhen sich die Gebühren um fünf Zehnteile.

§ 52.

Die Bestimmungen des Gesetzes über vorübergehende Rechtspflegemaßnahmen im Hinblick auf das Saargebiet vom 10. März 1922 (Reichsgesetzbl. I S. 241) bleiben unberührt.

§ 53.

Der Reichsminister der Justiz kann bestimmen, daß die Zulässigkeit der Rechtshilfe im Verhältnis zu einzelnen ausländischen Regierungen von weiteren Voraussetzungen abhängig ist. Er kann auch für die Tätigkeit der Gerichtsbehörden Gebühren bestimmen.

§ 54.

Hat eine ausländische Regierung bei der Bewilligung von Rechtshilfe in Strafsachen[1] die Verwertung der Rechtshilfe an eine Bedingung geknüpft[2], so ist die Bedingung im inländischen Verfahren zu beachten[3].

[1] Einzige Vorschrift, die sich auf Rechtshilfe bezieht, die von ausländischen Behörden für deutsche Strafverfahren geleistet wird.

[2] z. B. Wahrung der Spezialität, freies Geleit eines Zeugen, Unantastbarkeit der Rechte Dritter bei Herausgabe von Gegenständen.

[3] soweit nicht die Reichsverfassung entgegensteht. Liefert ein fremder Staat einen Deutschen nur unter der Bedingung aus, daß der Ausgelieferte zurückgeliefert wird, so ist diese Bedingung nicht zu beachten, weil Art. 112 Abs. 3 RV. entgegensteht. Ursprünglich war beabsichtigt, dem § 54 als Hauptzweck gerade die Beseitigung des verfassungsmäßigen Verbots der Rücklieferung Deutscher unterzuschieben. In der Begründung ist deshalb ausgeführt, daß § 54 wegen seines verfassungsändernden Charakters der Annahme mit einer den Erfordernissen verfassungsändernder Gesetzgebung entsprechenden Mehrheit bedürfe (Begr. S. 16). Diese Auffassung stieß im Ausschuß (18. Sitzung) auf allseitigen Widerstand. Es wurde darauf hingewiesen, daß das Verbot der Rücklieferung Deutscher auch fernerhin besteht.

§ 55.

Dieses Gesetz tritt am 1. April 1930 in Kraft.

Berlin, den 23. Dezember 1929.

Der Reichspräsident.

von Hindenburg.

Der Reichsminister der Justiz.

v. Guérard.

II. Vorschriften über den Auslieferungsverkehr mit ausländischen Staaten.

A. Zwischenstaatliche Vereinbarungen mit Staaten, mit denen Auslieferungsverträge des Reichs in Geltung sind.

1. Belgien.

Auslieferungsvertrag vom 24. Dezember 1874.
(RGBl. 1875 S. 73.)

Vertrag vom 29. April 1885.
(RGBl. S. 251.)

Zusatzvertrag vom 28. November 1900.
(RGBl. 1901 S. 203.)

Verträge wieder in Kraft seit 29. Mai 1920 (RGBl. 1920 S. 1397).

Bekanntmachung des RMdA. vom 29. April 1925 über die Regelung des unmittelbaren Verkehrs zwischen deutschen und belgischen Gerichtsbehörden bei Erledigung von dringenden Rechtshilfeersuchen in Strafsachen.

(JMBl. 1925 S. 200—201.)

Zwischen der Deutschen und der Belgischen Regierung ist durch Schriftwechsel der Deutschen Gesandtschaft in Brüssel mit dem Belgischen Ministerium der Auswärtigen Angelegenheiten in Brüssel vom 17./18. April 1925 Einverständnis darüber erzielt worden, daß die beiderseitigen Gerichtsbehörden befugt sind, Rechtshilfeersuchen der in den Art. 13 und 15 des deutsch-belgischen Auslieferungsvertrags vom 24. Dezember 1874 bezeichneten Art in dringenden Angelegenheiten unmittelbar an die zuständige Behörde des anderen Teiles zu richten.

Der Schriftwechsel sowie ein Verzeichnis der belgischen Behörden, an die die unmittelbaren Ersuchen der deutschen Gerichtsbehörden zu richten sind, ist nachstehend abgedruckt.

Deutsche Gesandtschaft.

B.-Nr. 494. Brüssel, den 18. April 1925.

Herr Minister!

Mit Beziehung auf den vorhergegangenen Schriftwechsel beehre ich mich festzustellen, daß zwischen der Deutschen Regierung und der Königlich Belgischen Regierung Einvernehmen über folgendes besteht:

1. Die beiderseitigen Gerichtsbehörden sind berechtigt, in dringlichen Angelegenheiten Rechtshilfeersuchen der in den Art. 13 und 15 des deutsch-belgischen Auslieferungsvertrags vom 24. Dezember 1874 bezeichneten Art unmittelbar, erforderlichenfalls telegraphisch, an die zuständige Behörde des anderen Teiles zu richten. Diese zuständige Behörde ist in Belgien für die im Art. 13 des erwähnten Vertrags vorgesehenen Fälle der „Procureur du Roi" des Arrondissements, wo die Rechtshilfehandlung vorzunehmen ist, für die Fälle des Art. 15 der "Procureur Général" derjenigen „Cour d'Appel", in deren Geschäftsbereich sich die erbetenen Beweisstücke oder Urkunden befinden; in Deutschland ist diese Behörde sowohl für die Fälle des Art. 13 wie des Art. 15 der „Erste Beamte der Staatsanwaltschaft" bei dem Landgericht, in dessen Bezirke die Rechtshilfehandlung vorzunehmen ist.

2. Die Ersuchungsschreiben und die sich auf ihre Erledigung beziehenden Schriftstücke werden stets auf dem diplomatischen Wege zurückgeleitet.

3. Die beiden Regierungen werden einander ein Verzeichnis der Gerichtsbehörden mitteilen, an welche die Ersuchen unmittelbar zu richten sind.

4. Dieses Abkommen ist mit dem 15. März 1925 in Kraft getreten.

Genehmigen Sie, Herr Minister, den erneuten Ausdruck meiner ausgezeichnetsten Hochachtung.

gez. v. Keller.

2. Griechenland.

Auslieferungsvertrag vom 12. März/27. Februar 1907.

(RGBl. 1907 S. 545.)

Wieder in Kraft seit 5. August 1920 (RGBl. 1920 S. 1544).

3. Großbritannien.

Auslieferungsvertrag vom 14. Mai 1872.

(RGBl. 1872 S. 229.)

Zusatzvertrag bezüglich der Protektorate vom 17. August 1911.

(RGBl. 1912 S. 153.)

Wieder in Kraft seit 5. August 1920 (RGBl. 1920 S. 1543).

4. Italien.

Auslieferungsvertrag vom 31. Oktober 1871.

(RGBl. 1871 S. 446.)

Zusatzerklärung über Auslieferung wegen Hehlerei und Begünstigung vom 29. Mai/9. August 1905.

(Notenwechsel, vgl. RGBl. 1920 S. 1578.)

Wieder in Kraft seit 8. Juli 1920 (RGBl. 1920 S. 1578).

5. Luxemburg.

Auslieferungsvertrag vom 9. März 1876.

(RGBl. 1876 S. 223.)

Zusatzvertrag vom 6. Mai 1912.

(RGBl. 1912 S. 491.)

Seine Majestät der Deutsche Kaiser, König von Preußen, im Namen des Deutschen Reichs, und Ihre Königliche Hoheit die Großherzogin-Regentin, im Namen Ihrer Königlichen Hoheit der Großherzogin von Luxemburg, haben beschlossen, den zwischen dem Deutschen Reiche und dem Großherzogtume Luxemburg am 9. März 1876 abgeschlossenen Auslieferungsvertrag in einzelnen Bestimmungen durch einen Zusatzvertrag abzuändern und zu ergänzen, und haben zu diesem Zwecke zu Ihren Bevollmächtigten ernannt:

Seine Majestät der Deutsche Kaiser, König von Preußen:

Allerhöchstihren außerordentlichen Gesandten und bevollmächtigten Minister in Luxemburg, Ulrich Grafen von Schwerin;

Ihre Königliche Hoheit die Großherzogin-Regentin von Luxemburg:

Höchstihren Staatsminister, Präsidenten der Regierung, Dr. Eyschen.

Die Bevollmächtigten haben sich, nachdem sie einander ihre Vollmachten mitgeteilt und diese in guter und gehöriger Form befunden haben, über folgende Artikel geeinigt:

Artikel 1.

Im Artikel 1 Abs. 1 des Auslieferungsvertrags wird die Nr. 15 dahin geändert:

15. wegen vorsätzlicher Körperverletzung, sofern Tatumstände vorhanden oder Folgen eingetreten sind, die nach dem Rechte des einen oder des anderen Teiles die Strafbarkeit erhöhen.

Artikel 2.

Im Artikel 6 des Auslieferungsvertrags erhält der Abs. 1 am Schlusse folgende Fassung:

..... zur Untersuchung gezogen und bestraft werden, es sei denn, daß sie das Gebiet des bezeichneten Staates innerhalb einer Frist von dreißig Tagen nach Wiedererlangung ihrer Freiheit nicht verlassen hat oder daß sie, nachdem sie es verlassen hatte, dahin zurückkehrt oder von neuem dahin ausgeliefert wird.

Artikel 3.

Im Artikel 9 des Auslieferungsvertrags treten an die Stelle der Abs. 2, 3 folgende Bestimmungen:

Diese Mitteilung kann in kürzester Weise, selbst auf telegraphischem Wege erfolgen.

Der vorläufig Festgenommene ist, falls seine Haft nicht aus einem anderen Grunde fortzudauern hat, wieder auf freien Fuß zu setzen, wenn nicht binnen drei Wochen nach dem Tage seiner Festnahme der Auslieferungsantrag unter Vorlegung der erforderlichen Schriftstücke auf diplomatischem Wege gestellt worden ist.

Artikel 4.

Im Artikel 13 des Auslieferungsvertrags erhält der Abs. 1 folgende Fassung:

Wenn in einem Strafverfahren wegen Handlungen, welche nicht zu den politischen Verbrechen und Vergehen gehören, eine Justizbehörde eines der beiden vertragschließenden Teile die Vernehmung von Zeugen, welche sich im Gebiete des anderen Teiles aufhalten, oder irgendeine andere Untersuchungshandlung (mit Einschluß von Zustellungen) für notwendig erachten sollte, so wird ein entsprechendes Ersuchungsschreiben auf diplomatischem Wege mitgeteilt oder von den Gerichtsbehörden des einen Teiles unmittelbar an die Gerichtsbehörden des anderen Teiles gerichtet werden. Solchen Ersuchungsschreiben wird nach Maßgabe der Gesetzgebung des Landes, wo der Zeuge vernommen oder der Akt vorgenommen werden soll, Folge gegeben werden. Die Ausführung des Antrags kann verweigert werden, wenn die Untersuchung eine Handlung zum Gegenstande hat, welche nach den Gesetzen des ersuchten Teiles nicht strafbar ist, oder wenn es sich um rein fiskalische Vergehen handelt, oder endlich, wenn sich die Untersuchung gegen einen Angehörigen des ersuchten Teiles richtet, der sich nicht im Gebiete des ersuchenden Teiles befindet.

Artikel 5.

Der gegenwärtige Zusatzvertrag soll ratifiziert werden. Er soll 10 Tage nach dem Austausch der Ratifikationsurkunden, der sobald als möglich erfolgen wird, in Kraft treten und soll dieselbe Gültigkeit und Dauer haben, wie der Auslieferungsvertrag vom 9. März 1876.

Zu Urkund dessen haben die beiderseitigen Bevollmächtigten ihn vollzogen und mit ihren Siegeln versehen.

Geschehen in Luxemburg in doppelter Ausfertigung am 6. Mai 1912.

Ulrich Graf von Schwerin.

Dr. Eyschen.

Auch während des Krieges in Geltung geblieben.

6. Niederlande.

Auslieferungsvertrag vom 31. Dezember 1896.

(RGBl. 1897 S. 731.)

Zusatzvertrag bezüglich der Kolonien vom 21. September 1897.

(RGBl. 1897 S. 747.)

Verfahren:

Allgemeine Verfügung über den unmittelbaren Geschäftsverkehr mit den niederländischen Justizbehörden.

(JMBl. 1915 S. 134.)

7. Norwegen.

Auslieferungsvertrag vom 19. Januar 1878.

(RGBl. 1878 S. 110.)

Zusatzvertrag vom 7. März 1907.

(RGBl. 1907 S. 239.)

Auch während des Krieges in Geltung geblieben.

8. Paraguay.

Auslieferungsvertrag vom 26. November 1909.

(RGBl. 1915 S. 571.)

Nachdem Seine Majestät der Deutsche Kaiser, König von Preußen, im Namen des Deutschen Reichs, und Seine Exzellenz der Präsident des Freistaats Paraguay übereingekommen sind, einen Vertrag wegen gegenseitiger Auslieferung der Verbrecher abzuschließen, haben Sie zu diesem Zwecke mit Vollmacht versehen, und zwar:

Seine Majestät der Deutsche Kaiser, König von Preußen:

den Herrn Dr. Franz Olshausen, Allerhöchstihren Geschäftsträger bei dem Freistaate Paraguay,

Seine Exzellenz der Herr Präsident des Freistaats Paraguay:

den Herrn Manuel Gondra, Minister der auswärtigen Angelegenheiten.

Die Bevollmächtigten sind nach gegenseitiger Mitteilung ihrer in guter und gehöriger Form befundenen Vollmachten über folgende Artikel übereingekommen:

Artikel 1.

Die hohen vertragschließenden Teile verpflichten sich, unter den durch den gegenwärtigen Vertrag vorgesehenen Umständen und Bedingungen sich diejenigen Personen einander auszuliefern, die von den Gerichten des ersuchenden Teiles wegen der im Artikel 2 aufgeführten Verbrechen oder Vergehen, sei es als Täter oder Teilnehmer, verfolgt werden oder verurteilt worden sind und sich in dem Gebiete des anderen Teiles aufhalten.

Artikel 2.

Die Verbrechen und Vergehen, wegen deren die Auslieferung stattzufinden hat, sind:

1. Mord und Totschlag, mit Einschluß des Elternmordes und des Kindesmordes;
2. vorsätzliche Körperverletzung oder Mißhandlung, sofern Tatumstände vorhanden sind, die nach dem Rechte des einen oder des anderen Teiles die Strafbarkeit erhöhen;
3. Abtreibung der Leibesfrucht;
4. mehrfache Ehe;
5. Blutschande, Notzucht, Angriff auf die Schamhaftigkeit mit Gewalt oder unter Bedrohung mit Gewalt, Kuppelei;
6. mit oder ohne Gewalt verübter Angriff auf die Scham-

haftigkeit von Kindern beider Geschlechter unter 14 Jahren;

7. Wegnahme, Raub und widerrechtliche Gefangenhaltung von Personen, Unterdrückung oder Unterschiebung von Kindern;
8. Aussetzung und böswilliges Verlassen von Kindern oder hilflosen Personen, Entführung von Minderjährigen;
9. Nachmachung oder Veränderung von Münzen, Papiergeld, von Banknoten und anderen auf den Inhaber lautenden Schuldverschreibungen, von Aktien oder anderen Wertpapieren, die vom Staate, von Korporationen, Gesellschaften oder Privatpersonen ausgegeben sind, Fälschung oder Verfälschung von Stempelpapier, Stempelmarken, Stempelblanketten, Stempelabdrücken, Post- oder Telegraphenfreimarken oder gestempelten Briefumschlägen; Ausgabe oder Gebrauch solcher Wertzeichen in der Kenntnis, daß sie gefälscht oder verfälscht sind, Gebrauch von gefälschten oder verfälschten Münzen, Wertpapieren oder Wertzeichen der vorbezeichneten Art; betrügerischer Gebrauch oder Mißbrauch von echten Siegeln, Stempeln und Marken;
10. Fälschung oder Verfälschung von öffentlichen oder privaten Schriftstücken, von amtlichen Urkunden, von Wechseln oder anderen Handelspapieren, betrügerischer Gebrauch gefälschter oder verfälschter Urkunden, Unterschlagung von Urkunden;
11. falsches Zeugnis, Verleitung von Zeugen zu falscher Aussage, Meineid;
12. Bestechung von öffentlichen Beamten;
13. Veruntreuung oder Unterschlagung öffentlicher Gelder durch Beamte, Erpressung durch Beamte;

14. vorsätzliche Brandstiftung, Mißbrauch von Sprengstoffen;
15. vorsätzliche Handlungen, welche die Zerstörung oder Beschädigung von Eisenbahnen, Dampfschiffen, Posten, elektrischen Apparaten oder Leitungen und die Gefährdung ihres Betriebs bewirken;
16. Raub, Erpressung, Diebstahl, Hehlerei;
17. Seeraub, vorsätzliche Handlungen, die das Sinken, die Strandung, Zerstörung, Unbrauchbarmachung oder Beschädigung eines Schiffes bewirken, sofern daraus eine Gefahr für andere Personen entstehen kann;
18. Betrug;
19. Untreue, Unterschlagung;
20. betrüglicher Bankrott.

Die Auslieferung soll auch wegen Versuchs einer der vorbezeichneten Straftaten stattfinden.

Die Auslieferung soll wegen der vorbezeichneten Straftaten nur beansprucht werden können, wenn die Handlung auch nach dem Rechte des ersuchten Teiles strafbar ist, und wenn nach der Gesetzgebung beider Teile das Höchstmaß der auf die Straftat angedrohten Freiheitsstrafe nicht weniger als ein Jahr beträgt.

Artikel 3.

Die Auslieferung findet nicht statt:

1. wenn die beanspruchte Person die Staatsangehörigkeit des ersuchten Staates besitzt;
2. wegen politischer Verbrechen oder Vergehen oder wegen Handlungen, die mit solchen im Zusammenhange stehen;
3. wenn die Strafverfolgung oder die Strafvollstreckung zur Zeit, wo der Auslieferungsantrag gestellt wird,

nach der Gesetzgebung des ersuchten Staates verjährt ist.

Im Sinne des Abs. 1 Nr. 2 soll der Angriff gegen das Oberhaupt eines Staates oder gegen die Mitglieder seiner Familie weder als politisches Verbrechen oder Vergehen noch als eine mit einem solchen im Zusammenhange stehende Handlung angesehen werden, wenn der Angriff den Tatbestand des Totschlags oder Mordes bildet. Ebensowenig soll die Bestimmung des Abs. 1 Nr. 2 auf anarchistische Verbrechen und Vergehen Anwendung finden.

Artikel 4.

Die Auslieferung kann verweigert werden, wenn die beanspruchte Person in dem ersuchten Staate wegen desselben Verbrechens oder Vergehens verfolgt wird oder vor Gericht gestellt ist; sie findet nicht statt, wenn die Aburteilung bereits erfolgt ist.

Artikel 5.

Wenn die beanspruchte Person in dem ersuchten Staate wegen einer anderen Handlung als derjenigen, die dem Auslieferungsantrage zugrunde liegt, verfolgt wird oder eine Strafe verbüßt, so bleibt ihre Auslieferung aufgeschoben, bis die Person in dem ersuchten Staate endgültig abgeurteilt ist und im Falle ihrer Verurteilung die Strafe verbüßt hat oder begnadigt worden ist.

Artikel 6.

Eine Person, deren Auslieferung bewilligt worden ist, kann wegen eines Verbrechens oder Vergehens, das vor der Auslieferung begangen worden ist, oder wegen einer mit einem solchen im Zusammenhange stehenden Handlung nur verfolgt und bestraft werden, wenn der Staat, der ihre Auslieferung bewilligt hat, hierzu seine Zustimmung erteilt und es sich um Straftaten handelt, die im Artikel 2 aufgeführt sind. Die ausgelieferte Person kann auch nicht an einen dritten Staat ausgeliefert werden, der sie wegen anderer Straftaten als derjenigen, welche die Auslieferung begründet haben, beansprucht.

Die Einschränkungen des Abs. 1 kommen jedoch nicht zur Geltung, wenn die auszuliefernde oder ausgelieferte Person ausdrücklich darin eingewilligt hat, daß sie für eine vor der Auslieferung begangene Straftat, gleichviel ob sie in dem Auslieferungsvertrag erwähnt ist oder nicht, verfolgt oder bestraft oder an einen dritten Staat ausgeliefert wird, und der ausliefernde Staat auf die Mitteilung hiervon erklärt, daß er keine Einwendungen gegen die strafrechtliche Verfolgung oder die Strafvollstreckung erheben wolle.

Ebenso fallen diese Einschränkungen fort, wenn die ausgelieferte Person in dem Lande, an das sie ausgeliefert worden ist, während der Dauer dreier Monate von dem Tage an, wo sie nach Erledigung des Verfahrens und der etwaigen Strafvollstreckung ihre Freiheit wiedererlangt hat, verbleibt, oder, wenn sie in das Land, nachdem sie es verlassen hat, zurückkehrt.

Artikel 7.

Die Auslieferung soll auch dann bewilligt werden, wenn dadurch die Erfüllung von Verbindlichkeiten, welche die beanspruchte Person Dritten gegenüber im Zufluchtsstaat eingegangen ist, verhindert werden würde. Den Beteiligten bleiben jedoch alle ihre Rechte gewahrt, und sie können diese Rechte vor dem zuständigen Richter geltend machen.

Artikel 8.

Ist die strafbare Handlung, wegen deren die Auslieferung beantragt wird, in einem dritten Staate begangen, so ist die Auslieferung nur zu bewilligen, wenn die Gesetzgebungen der vertragschließenden Teile die gerichtliche Verfolgung solcher Handlungen, auch wenn sie im Ausland verübt worden sind, gestatten und es dem um die Auslieferung ersuchten Staate nicht obliegt, den Verbrecher vor seine eigenen Gerichte zu stellen oder an die Regierung des Staates auszuliefern, in dessen Gebiete die strafbare Handlung begangen worden ist.

Artikel 9.

Wenn die Person, deren Auslieferung auf Grund dieses Vertrags verlangt wird, noch von einer oder mehreren anderen Regierungen in Anspruch genommen wird, kann die ersuchte Regierung den Auslieferungsantrag einer der anderen Regierungen den Vorzug geben, sofern sie hierzu vertragsmäßig verpflichtet ist oder es den Interessen der Strafrechtspflege mehr entsprechend findet.

Artikel 10.

Der Auslieferungsantrag soll auf diplomatischem Wege gestellt werden.

Dem Antrag sollen beigegeben sein:

1. die Urschrift oder eine beglaubigte Abschrift des Haftbefehls, einer sonstigen Verfügung von gleicher Geltung oder des Strafurteils, welche Urkunden von der zuständigen Behörde nach den im ersuchenden Staate vorgeschriebenen Formen erlassen sein und die strafbare Handlung, den Ort und die Zeit ihrer Begehung angeben müssen;
2. eine Abschrift der auf das Verbrechen oder Vergehen anwendbaren Strafbestimmungen;
3. soweit möglich, eine Beschreibung der beanspruchten Person und andere Angaben, die zur Feststellung

ihrer Identität, Persönlichkeit und Staatsangehörigkeit dienen.

Von diesen Urkunden soll, sofern dies von dem ersuchten Teile verlangt wird, eine Übersetzung in der Sprache des ersuchten Landes beigebracht werden.

Artikel 11.

In dringenden Fällen kann die vorläufige Festnahme auf Grund einer brieflichen oder telegraphischen, stets auf diplomatischem Wege zu übermittelnden Nachricht von dem Vorhandensein einer der im Artikel 10 Abs. 2 Nr. 1 erwähnten Urkunden bewirkt werden. Die daraufhin vorläufig festgenommene Person ist, wenn nicht innerhalb der Frist von drei Monaten von dem Zeitpunkt der Festnahme an der diplomatische Auslieferungsantrag in der im Artikel 10 vorgesehenen Form eintrifft, in Freiheit zu setzen, es sei denn, daß die Verhaftung aus anderen Gründen aufrechtzuerhalten ist.

Artikel 12.

Wenn in einer Strafsache wegen einer im Artikel 2 erwähnten nichtpolitischen Straftat eine der beiden Regierungen die Vernehmung von Zeugen, die im anderen Lande wohnen, oder irgendeine andere Untersuchungshandlung für notwendig erachtet, soll zu diesem Zwecke ein Ersuchungsschreiben auf diplomatischem Wege übersandt und ihm nach Maßgabe der Gesetzgebung des ersuchten Landes mit Beschleunigung Folge gegeben werden.

Die beiden Regierungen verzichten auf Erstattung der ihnen durch die Erledigung von Ersuchungsschreiben in Strafsachen erwachsenden Kosten, sofern es sich nicht um strafrechtliche, handelsrechtliche oder gerichtsärztliche Gutachten handelt.

Ebensowenig kann eine Ersatzforderung geltend gemacht werden für die Kosten gerichtlicher Handlungen, die von den Beamten eines der beiden Staaten von Amts wegen vorgenommen werden zum Zwecke der Verfolgung oder der Feststellung von Straftaten, die auf seinem Gebiete von einem Angehörigen des anderen Landes begangen wurden und in diesem demnächst verfolgt werden.

Artikel 13.

Wenn in einer nichtpolitischen Strafsache das persönliche Erscheinen eines Zeugen für notwendig erachtet wird, so soll die Regierung des Landes, wo der Zeuge sich aufhält, ihn auffordern, der Ladung Folge zu leisten, die auf diplomatischem Wege zu diesem Zwecke von seiten der Behörden des anderen Landes an ihn ergeht.

Stimmt der Zeuge zu, so werden ihm die Kosten der Reise und des Aufenthalts nach seiner Wahl entweder nach den Sätzen und Bestimmungen des Landes, wo die Vernehmung stattfinden soll, oder nach den Sätzen und Bestimmungen des ersuchten Staates gewährt werden. Der ersuchende Staat wird den Betrag angeben, den der ersuchte Staat unter dem Vorbehalte, daß er ihm von dem ersuchenden Staate erstattet wird, dem Zeugen auf die Gesamtsumme vorschießen kann.

Ein Zeuge, der auf Ladung in einem der beiden Länder freiwillig vor den Richtern des anderen Landes erscheint, darf daselbst, ohne daß es hierbei auf seine Staatsangehörigkeit ankäme, weder wegen früherer zivil- oder strafrechtlicher Vorkommnisse oder Verurteilungen noch unter dem Vorwande der Mitschuld an den Handlungen, die Gegenstand des Verfahrens sind, worin er als Zeuge erscheinen soll, verfolgt oder in Haft genommen werden.

Artikel 14.

Die Durchlieferung einer Person, die von einer dritten Regierung an einen der vertragschließenden Teile ausgeliefert wird, durch das Gebiet des anderen Teiles oder die Beförderung einer solchen Person auf einem Schiffe eines der vertragschließenden Teile wird auf den auf diplomatischem Wege zu stellenden Antrag bewilligt werden, sofern die Person dem um die Durchlieferung ersuchten Teile nicht angehört und die strafbare Handlung, wegen deren die Auslieferung stattfindet, nach dem vorliegenden Vertrage die Auslieferung begründen würde.

Mit dem Antrage sind die im Artikel 10 Abs. 2 Nr. 1, 2 vorgesehenen Schriftstücke beizubringen.

Die Beförderung erfolgt auf dem kürzesten Wege unter Begleitung von Beamten des um die Durchlieferung ersuchten Teiles auf Kosten des ersuchenden Teiles.

Artikel 15.

Die von einem Verbrechen oder Vergehen herrührenden Gegenstände, die im Besitze der beanspruchten Person vorgefunden werden oder von dieser verborgen und demnächst aufgefunden worden sind, die Werkzeuge oder Instrumente, deren sie sich zur Begehung der strafbaren Handlung bedient hat, sowie alle anderen Beweisstücke sollen gleichzeitig mit der beanspruchten Person zur Übergabe gelangen.

Diese Übergabe soll auch dann stattfinden, wenn die Auslieferung wegen des Todes oder der Flucht der auszuliefernden Person nicht zur Ausführung gebracht werden kann.

Etwaige Rechte Dritter an solchen Gegenständen werden ausdrücklich vorbehalten; die Gegenstände sollen nach Beendigung des Verfahrens den Berechtigten auf diplomatischem Wege kostenfrei zurückgegeben werden.

Artikel 16.

Die Kosten, die auf dem Gebiete des ersuchten Teiles durch die Festnahme, die Haft, die Bewachung und den Unterhalt der beanspruchten Person sowie durch ihre Beförderung und durch die Beförderung der im Artikel 15 erwähnten Gegenstände erwachsen, werden von der Regierung dieses Staates getragen.

Artikel 17.

Die beiden Teile verpflichten sich zur gegenseitigen und kostenlosen Mitteilung der Verurteilungen wegen Verbrechen und Vergehen jeder Art, die von den Gerichten des einen der beiden Teile gegen Angehörige des anderen Teiles ausgesprochen werden. Diese Mitteilung erfolgt, indem auf diplomatischem Wege eine Strafnachricht oder ein Auszug aus dem rechtskräftigen Urteil dem Lande, dem der Verurteilte angehört, übersandt wird.

Artikel 18.

Dieser Vertrag soll in Kraft treten sechs Wochen nach Austausch der Ratifikationsurkunden und soll in Geltung bleiben bis sechs Monate nach erfolgter Kündigung seitens der Regierung eines der vertragschließenden Teile.

Die Ratifikationsurkunden werden so bald als möglich in Asunción ausgetauscht werden.

Zu Urkund dessen haben die beiderseitigen Bevollmächtigten diesen Vertrag unterzeichnet und mit ihren Siegeln versehen.

Geschehen in Asunción in doppelter Ausfertigung am sechsundzwanzigsten November Eintausendneunhundert und neun.

Franz Olshausen. M. Gondra.

9. Schweden.

Auslieferungsvertrag vom 19. Januar 1878.

(RGBl. 1878 S. 110.)

10. Schweiz.

Auslieferungsvertrag vom 24. Januar 1874.

(RGBl. 1874 S. 113.)

Erweiterungen:

Gegenseitig wird ausgeliefert auch wegen vorsätzlicher Fälschung und Verfälschung von Lebensmitteln in einer für die menschliche Gesundheit schädlichen Weise sowie wegen Feilbietens und Inverkehrbringens von solchen gefälschten oder verfälschten Lebensmitteln (JMBl. 1910 S. 275), wegen vorsätzlicher und rechtswidriger Zerstörung und Beschädigung von Feldfrüchten, Pflanzen aller Art sowie von Bäumen, sofern der angerichtete Schaden den Betrag von 40 M. übersteigt, ferner wegen Sachbeschädigung allgemein, sofern der verursachte Schaden wenigstens 100 Fr. oder 80 M. beträgt (RGBl. 1925 II S. 972).

Vereinbarung, wonach die Auslieferung wegen der in §§ 137 und 288 StGB. vorgesehenen Straftaten erfolgen sollte, ist aufgehoben. Auslieferung nur noch wegen Straftaten, die sich nach deutschem Rechte als Verstrickungsbruch und nach schweizerischem Rechte als Pfandunterschlagung darstellen (JMBl. 1912 S. 130).

Gegenseitig wird ausgeliefert wegen fahrlässiger Tötung (JMBl. 1912 S. 314).

Ausgeliefert wird wegen Mißbrauch von Sprengstoffen (RGBl. 1927 II S. 17).

Verfahren:

Vorschriften in JMBl. 1922 S. 303.

Bekanntmachung über das deutsch-schweizerische Abkommen über die Niederlegung von Suchvermerken vom 31. August 1928 (RGBl. 1928 II S. 603).

Bekanntmachung einer deutsch-schweizerischen Vereinbarung über die Ausschreibung straffälliger Personen und die Veröffentlichung anderer wichtiger Bekanntmachungen strafrechtlicher Art in den beiderseitigen Fahndungsblättern vom 7. Mai 1929 (RGBl. 1929 II S. 371).

Auslieferungsvertrag auch während des Krieges in Geltung.

11. Spanien.

Auslieferungsvertrag vom 2. Mai 1878.

(RGBl. 1878 S. 213.)

Auch während des Krieges in Geltung geblieben.

12. Tschechoslowakei.

Auslieferungsvertrag vom 8. Mai 1922.

(RGBl. 1923 Teil II S. 48, 396.)

Das Deutsche Reich und die Tschechoslowakische Republik sind übereingekommen, die Auslieferung von Verbrechern und die sonstige Leistung gegenseitiger Rechtshilfe in Strafsachen durch einen Vertrag zu regeln.

Zu diesem Zwecke haben zu Bevollmächtigten ernannt:

Der Präsident des Deutschen Reichs:

Seine Exzellenz Herrn Dr. Walter Koch, außerordentlichen Gesandten und bevollmächtigten Minister;

Herrn Dr. Wolfgang Mettgenberg, Oberregierungsrat im Reichsjustizministerium;

Der Präsident der Tschechoslowakischen Republik:

Herrn Dr. Paul Wellner, Ministerialrat und Leiter der Rechtsabteilung im Ministerium der äußeren Angelegenheiten;

Herrn Dr. Emil Spira, Sektionschef im Justizministerium.

Die Bevollmächtigten haben sich, nachdem sie einander ihre Vollmachten mitgeteilt und diese in guter und gehöriger Form befunden haben, über folgende Bestimmungen geeinigt:

Artikel 1.

Grundsatz der Gegenseitigkeit.

(1) Die vertragschließenden Teile verpflichten sich, einander in Strafsachen aller Art, mögen sie bei Gerichts- oder Verwaltungsbehörden schweben, nach Maßgabe der folgenden Bestimmungen Rechtshilfe zu leisten, soweit die Gegenseitigkeit verbürgt ist.

(2) Die Bestimmungen dieses Vertrags erstrecken sich nicht auf die Rechtshilfe in Finanzstrafsachen vor Verwaltungsbehörden; die Regelung dieser Rechtshilfe bleibt dem besonderen Abkommen vorbehalten, das im Artikel XIX des am 31. Dezember 1921 geschlossenen Vertrags über Rechtsschutz und Rechtshilfe in Steuersachen vorgesehen ist.

Erster Abschnitt.

Auslieferung und Durchlieferung.

Artikel 2.

Auslieferungspflichtige Personen.

(1) Die vertragschließenden Teile verpflichten sich, einander auf Ersuchen einer zuständigen Behörde, mit Ausnahme der eigenen Angehörigen, Personen, die strafrechtlich verfolgt werden oder verurteilt worden sind, auszuliefern.

(2) Ist der Verfolgte nicht Angehöriger des ersuchenden Teiles, so steht es dem ersuchten Teile frei, die Heimatsregierung des Verfolgten von dem Auslieferungsersuchen in Kenntnis zu setzen. Macht er davon Gebrauch, so hat er unverzüglich unter Bestimmung einer angemessenen

Frist, die gleichzeitig dem ersuchenden Teile mitzuteilen ist, der Heimatsregierung anheimzugeben, auch ihrerseits ein Auslieferungsersuchen zu stellen.

Artikel 3.

Auslieferungspflichtige Straftaten.

(1) Die Pflicht zur Auslieferung besteht nur, wenn die Straftat, welche die Auslieferung veranlassen soll, nach dem Rechte beider Teile ein Verbrechen oder Vergehen ist.

(2) Die Pflicht zur Auslieferung besteht auch wegen Versuchs einer auslieferungspflichtigen Straftat oder wegen Teilnahme (Mittäterschaft, Anstiftung und Beihilfe) daran, wenn der Versuch oder die Teilnahme nach dem Rechte beider Teile strafbar ist.

Artikel 4.

Straftaten, die nicht auslieferungspflichtig sind.

Die Pflicht zur Auslieferung besteht nicht, wenn die Straftat, welche die Auslieferung veranlassen soll:

1. mit einer Vermögensstrafe bedroht oder bestraft ist, die nicht in eine Freiheitsstrafe umgewandelt werden kann;
2. eine politische Straftat ist;
3. eine Straftat ist, deren Strafbarkeit nur durch die Militärstrafgesetze begründet ist.

Artikel 5.

Verjährung.

Die Pflicht zur Auslieferung besteht nicht, wenn die Straftat oder die erkannte Strafe nach dem Rechte des ersuchten Teiles als verjährt anzusehen ist.

Artikel 6.

Zuständigkeit der eigenen Behörden für das Verfahren.

Die Pflicht zur Auslieferung besteht nicht, wenn die Behörden des ersuchten Teiles nach dessen Gesetzen zur Verfolgung der Straftat, welche die Auslieferung veranlassen soll, zuständig sind, oder wenn der Verfolgte wegen dieser Straftat von Behörden des ersuchten Teiles bereits außer Verfolgung gesetzt, rechtskräftig abgeurteilt oder begnadigt worden ist.

Artikel 7.

Aussetzung der Durchführung der Auslieferung.

Ist der Verfolgte von den Behörden des ersuchten Teiles wegen einer anderen Straftat als derjenigen, welche die Auslieferung veranlassen soll, zur Untersuchung gezogen oder verurteilt worden, oder befindet er sich aus anderen Gründen in Haft, so kann die Auslieferung unbeschadet der alsbald über das Auslieferungsersuchen zu treffenden Entscheidung ausgesetzt werden, bis das Verfahren beendet, das Urteil vollstreckt, die Strafe erlassen oder die Haft vollzogen ist.

Artikel 8.

Mehrheit von Auslieferungsersuchen.

(1) Haben mehrere Staaten die Auslieferung nachgesucht und befindet sich unter ihnen der Staat, dem der Verfolgte angehört, so erfolgt die Auslieferung an die Heimatsregierung.

(2) Gehört der Verfolgte keinem der ersuchenden Staaten an, so gilt Artikel 2 Abs. 2 entsprechend. Wird die Auslieferung von dem Staate, dem der Verfolgte angehört, nicht begehrt, so erfolgt die Auslieferung an denjenigen Staat, in dessen Gebiet die nach dem Rechte des ersuchten Teiles schwerste Straftat begangen worden ist;

bei gleich schweren Straftaten erfolgt die Auslieferung an den Staat, dessen Auslieferungsersuchen bei dem ersuchten Teile zuerst gestellt ist.

Artikel 9.

Vorläufige Festnahme.

(1) Die vertragschließenden Teile verpflichten sich, den Verfolgten, dessen Auslieferung beantragt werden soll, vor Stellung des Auslieferungsersuchens vorläufig festzunehmen, wenn eine zuständige Behörde des anderen Teiles dies unter Angabe des Tatbestandes der Straftat, welche die Auslieferung veranlassen soll, beantragt oder den Verfolgten in dem Fahndungsblatte des anderen Teiles ausgeschrieben hat, die Auslieferung nicht von vornherein unstatthaft erscheint und die Festnahme zur Sicherung der Auslieferung oder im Interesse des Strafverfahrens erforderlich ist. Der Zeitpunkt der Festnahme ist der Behörde, die sie erbeten hat, unverzüglich mitzuteilen.

(2) Das Ersuchen um vorläufige Festnahme und die Mitteilung über die Erledigung des Ersuchens können von Behörde zu Behörde im unmittelbaren Geschäftsverkehr, auch telegraphisch, übermittelt werden.

(3) Der vorläufig Festgenommene kann freigelassen werden, wenn das Ersuchen um Auslieferung nicht innerhalb einer Frist von sechs Wochen bei dem ersuchten Teile gestellt wird, die mit dem Ablauf des Tages der Festnahme beginnt.

Artikel 10.

Ersuchen um Auslieferung.

(1) Das Ersuchen um Auslieferung ist auf diplomatischem Wege zu stellen.

(2) Mit dem Ersuchen um Auslieferung ist ein Haftbefehl oder das vollstreckbare Strafurteil, die wegen der Straftat, welche die Auslieferung veranlassen soll, von einer

zuständigen Gerichtsbehörde des ersuchenden Teiles gegen den Verfolgten erlassen sind, beizubringen.

(3) Gehen aus diesen Urkunden Tatsachen, die zur Prüfung des Auslieferungsersuchens notwendig sind, nicht hinreichend hervor, so sind sie auf Verlangen durch ein gerichtliches Schriftstück, das die fehlenden Angaben enthält, unverzüglich zu ergänzen.

Artikel 11.
Maßnahmen zur Sicherung der Auslieferung.

Ist das Ersuchen um Auslieferung eingegangen, so trifft der ersuchte Teil, sofern die Auslieferung nicht von vornherein unstatthaft erscheint, unverzüglich nach Maßgabe seiner Gesetze die zur Sicherung der Auslieferung erforderlichen Maßnahmen.

Artikel 12.
Grundsatz der Spezialität.

(1) Der Ausgelieferte darf wegen einer vor der Auslieferung begangenen Straftat nur insoweit zur Untersuchung gezogen oder bestraft oder an einen dritten Staat weitergeliefert werden, als die Auslieferung wegen dieser Straftat bewilligt ist oder der ersuchte Teil der Verfolgung oder Bestrafung zugestimmt hat.

(2) Die Beschränkung fällt fort, wenn der Ausgelieferte das Gebiet des ersuchenden Teiles nicht innerhalb eines Monats nach Wiedererlangung seiner Freiheit verläßt, oder wenn er in dies Gebiet zurückkehrt, nachdem er es verlassen hat.

Artikel 13.
Durchlieferung.

(1) Die vertragschließenden Teile verpflichten sich, auf Ersuchen einer zuständigen Behörde Personen, die einem

vertragschließenden Teile von einem dritten Staat ausgeliefert werden, durch ihr Gebiet durchzuliefern.

(2) Auf die Durchlieferung finden die für eine Auslieferung geltenden Bestimmungen entsprechende Anwendung.

(3) Die Durchlieferung ist von den Behörden des ersuchten Teiles in der Weise auszuführen, die ihm am geeignetsten erscheint.

Zweiter Abschnitt.

Übergabe von Sachen, Zustellungen und Untersuchungshandlungen.

Artikel 14.

Übergabe von Sachen.

(1) Die vertragschließenden Teile verpflichten sich, auf Ersuchen einer zuständigen Behörde einander Beweisstücke oder Sachen zu übergeben, die der Täter durch die strafbare Handlung erlangt hat oder die der Einziehung, Vernichtung oder Verfallerklärung unterliegen.

(2) Wird die Übergabe von Sachen in Verbindung mit der Auslieferung oder Durchlieferung einer Person begehrt, so erfolgt die Übergabe tunlichst gleichzeitig mit der Auslieferung oder Durchlieferung.

(3) Wird bei der Übergabe die Rücklieferung vorbehalten, so sind die Beweisstücke und Sachen auf Verlangen ohne Verzug zurückzugeben. In jedem Falle bleiben die Rechte dritter Personen unberührt.

Artikel 15.

Zustellungen und Ladungen.

(1) Die vertragschließenden Teile verpflichten sich, auf Ersuchen einer zuständigen Behörde die ein Strafverfahren betreffenden Schriftstücke, mit Einschluß der Urteile, zuzustellen.

(2) Ein Zeuge oder Sachverständiger, der auf eine durch die Behörden des ersuchten Teiles ihm zugestellte Ladung vor den Behörden des ersuchenden Teiles freiwillig erscheint, darf, gleichviel welchem Staate er angehört, während seiner Anwesenheit im Gebiete des ersuchenden Teiles in keinem Falle unter dem Verdachte der Täterschaft, Teilnahme, Hehlerei oder Begünstigung hinsichtlich der den Gegenstand des Strafverfahrens bildenden oder einer anderen vorher begangenen Tat strafgerichtlich verfolgt werden. Ebensowenig darf er zur Vollstreckung eines vor seinem Eintreffen ergangenen Strafurteils oder aus einem anderen vorher eingetretenen Rechtsgrunde festgenommen werden.

Artikel 16.

Untersuchungshandlungen.

Die vertragschließenden Teile verpflichten sich, auf Ersuchen einer zuständigen Behörde Untersuchungshandlungen, insbesondere die Vernehmung von Beschuldigten, Zeugen oder Sachverständigen, die Einnahme des richterlichen Augenscheins oder die Durchsuchung und Beschlagnahme, vorzunehmen.

Artikel 17.

Ablehnungsgründe.

(1) Die Rechtshilfe nach Artikel 14 bis 16 kann abgelehnt werden, wenn in dem Strafverfahren, für das sie geleistet werden soll, die Pflicht zur Auslieferung nach den Bestimmungen dieses Vertrags nicht bestehen würde.

(2) Das Ersuchen um Zustellung einer Ladung wird abgelehnt, wenn dem Geladenen für den Fall seines Ausbleibens Zwangsmaßnahmen oder sonstige Nachteile angedroht werden.

Artikel 18.

Übermittlung der Ersuchen.

Die Ersuchen um Rechtshilfe nach Artikel 14 bis 16 sind in der Regel von Behörde zu Behörde im unmittelbaren Geschäftsverkehre zu übermitteln.

Artikel 19.

Erledigung der Ersuchen.

Die Ersuchen um Rechtshilfe nach Artikel 14 bis 16 werden von den Behörden des ersuchten Teiles, die nach dessen Gesetzen für gleichartige Amtshandlungen in eigenen Strafsachen zuständig sind, in den für diese Amtshandlungen vorgeschriebenen Formen und mit den entsprechenden Zwangsmaßnahmen erledigt.

Dritter Abschnitt.

Mitteilung von Verurteilungen und Ersuchen um Auskunft aus dem Strafregister.

Artikel 20.

Mitteilung von Verurteilungen.

(1) Die vertragschließenden Teile verpflichten sich, einander von den rechtskräftigen, auf Strafe lautenden Entscheidungen Mitteilung zu machen, die von den Behörden des einen Teiles gegen Angehörige des anderen Teiles erlassen werden und nach den Vorschriften des Teiles, dessen Behörden sie ausgesprochen haben, in das Strafregister aufzunehmen sind. Ebenso werden sie einander die Nachrichten zugehen lassen, die sich auf derartige Entscheidungen beziehen und in das Strafregister aufgenommen werden.

(2) Die Mitteilung geschieht dadurch, daß eine Abschrift der auf Strafe lautenden Entscheidung oder der dem Strafregister zugehenden Nachricht übersandt wird. Der Aus-

tausch wird durch den Reichsminister der Justiz in Berlin und das Justizministerium in Prag vermittelt.

Artikel 21.

Auskunft aus dem Strafregister.

(1) Die vertragschließenden Teile verpflichten sich, einander auf Ersuchen einer zuständigen Behörde aus dem Strafregister Auskunft zu erteilen.

(2) Ersuchen um Auskunft aus dem Strafregister sind an die zuständige Strafregisterbehörde unmittelbar zu richten.

Vierter Abschnitt.

Schlußbestimmungen.

Artikel 22.

Kosten des Rechtshilfeverkehrs.

(1) Die durch den Rechtshilfeverkehr nach den Bestimmungen dieses Vertrags erwachsenden Kosten werden von dem Teile getragen, in dessen Gebiete sie entstehen.

(2) Die Kosten, die aus Anlaß einer Durchlieferung oder durch ein Ersuchen um Gutachten von Sachverständigen oder Fakultäten entstehen, werden von dem ersuchenden Teile ersetzt.

Artikel 23.

Sprache der Rechtshilfeersuchen.

(1) Die Ersuchen und deren Anlagen sind in der Staatssprache (offizielle Sprache) des ersuchenden Teiles abzufassen. Als Staatssprache (offizielle Sprache) im Sinne dieses Vertrags gilt deutscherseits die Amtssprache, tschechoslowakischerseits die tschechische oder slowakische Sprache.

(2) Den in der Staatssprache des ersuchenden Teiles abgefaßten Urkunden ist, abgesehen von den Ersuchen und Mitteilungen nach Artikel 9, 20 und 21 dieses Vertrags,

eine diplomatisch oder durch einen vereideten Dolmetscher beglaubigte Übersetzung in die Staatssprache des ersuchten Teiles beizufügen. Die Beifügung einer Übersetzung kann unterbleiben, sofern es sich um Anlagen der Ersuchungsschreiben handelt, die für einen Staatsangehörigen des ersuchenden Teiles bestimmt sind.

(3) In Fällen, in denen die Beschaffung der Übersetzung der ersuchenden Behörde außerordentliche Schwierigkeiten bereitet, wird ihr die ersuchte Behörde dabei tunlichst behilflich sein. Die durch Beschaffung der Übersetzung entstehenden Kosten sind von dem ersuchenden Teile zu tragen.

Artikel 24.

Beglaubigung der Urkunden.

Für die Beglaubigung der von öffentlichen Behörden und Beamten der vertragschließenden Teile ausgestellten oder beglaubigten Urkunden gelten die Bestimmungen des in der Mitteilung der Tschechoslowakischen Regierung vom 9. Juli 1920 erwähnten Beglaubigungsvertrags vom 25. Februar 1880.

Artikel 25.

Ratifikation und Kündigung.

(1) Dieser Vertrag soll in deutscher und tschechischer Sprache ausgefertigt werden. Er soll ratifiziert und die Ratifikationsurkunden sollen, sobald wie möglich, ausgetauscht werden.

(2) Der Vertrag tritt einen Monat nach Austausch der Ratifikationsurkunden in Kraft.

(3) Er bleibt in Geltung bis zum Ablauf von sechs Monaten nach Ablauf des Tages, an dem er von einem der beiden Teile gekündigt wird.

Zu Urkund dessen haben die Bevollmächtigten diesen Vertrag unterzeichnet und mit ihren Siegeln versehen.

Ausgefertigt in doppelter Urschrift in Prag, am achten Mai eintausendneunhundertzweiundzwanzig.

Dr. Koch. Dr. Wellner.
Dr. Wolfgang Mettgenberg. Dr. Emil Spira.

Zusatzprotokoll zu dem Vertrag über die Auslieferung und die sonstige Rechtshilfe in Strafsachen zwischen dem Deutschen Reiche und der Tschechoslowakischen Republik.

Die unterzeichneten Bevollmächtigten des Deutschen Reichs und der Tschechoslowakischen Republik stellen, im Begriff zur Unterzeichnung des Auslieferungsvertrags zu schreiten, namens ihrer Regierungen das Einverständnis über folgende Punkte fest:

1. Zu Artikel 1.

Ist die Verfolgung einer Straftat nach den Gesetzen eines der vertragschließenden Teile von der Stellung eines Strafantrags abhängig, verzichtet der ersuchte Teil auf den Nachweis, daß der Strafantrag gestellt ist.

2. Zu Artikel 8.

Etwa bestehende von dieser Bestimmung abweichende Verpflichtungen der vertragschließenden Teile anderen Staaten gegenüber bleiben unberührt.

3. Zu Artikel 18 und 21.

Die vertragschließenden Teile werden einander ein Verzeichnis der zur Entgegennahme der Ersuchen nach Artikel 18 des Vertrags zuständigen Behörden, soweit es sich um Gerichte handelt, und der zur Auskunftserteilung nach Artikel 21 verpflichteten Strafregisterbehörden zugehen lassen. Der Übersicht wird eine Karte mit der Gerichtseinteilung beigefügt werden, soweit eine solche vorhanden ist.

4. Zu Artikel 20.

Die vertragschließenden Teile werden einander die hier erwähnten Mitteilungen in dreimonatlichen Zwischenräumen übermitteln.

5. Zu Artikel 25 Abs. 1.

Für die Auslegung des Vertrags gilt sein Wortlaut in den beiden Sprachen, in denen er ausgefertigt ist, als ein einheitliches Ganzes.

6. Die vertragschließenden Teile werden einander ein Verzeichnis der Grenzorte und Behörden, die an der Grenze des Deutschen Reichs und der Tschechoslowakischen Republik für die Übergabe und Übernahme der auszuliefernden und durchzuliefernden Verfolgten in Betracht kommen, übermitteln.

Zu Urkund dessen haben die Bevollmächtigten dieses Zusatzprotokoll, das die gleiche Gültigkeit haben soll wie der Vertrag selbst, unterzeichnet.

Ausgefertigt in doppelter Urschrift in Prag, am achten Mai eintausendneunhundertzweiundzwanzig.

Dr. Koch. Dr. Wellner.
Dr. Wolfgang Mettgenberg. Dr. Emil Spira.

Bekanntmachung, betreffend die Ratifikation des Vertrags über die Auslieferung und die sonstige Rechtshilfe in Strafsachen zwischen dem Deutschen Reiche und der Tschechoslowakischen Republik vom 8. Mai 1922.

(Vom 5. Oktober 1923.)

Der am 8. Mai 1922 ausgefertigte Vertrag über die Auslieferung und die sonstige Rechtshilfe in Strafsachen zwischen dem Deutschen Reiche und der Tschechoslowakischen Republik nebst dem dazugehörenden Zusatzprotokoll (Reichsgesetzbl. 1923 II S. 48) sind ratifiziert worden. Der Austausch der Ratifikationsurkunden hat am 4. Oktober 1923 in Berlin stattgefunden.

Berlin, den 5. Oktober 1923.

Der Reichsminister des Auswärtigen.
J. V.: v. Maltzahn.

Erweiterung bezüglich Zollstrafsachen: Bekanntmachung vom 7. Januar 1926.

(RGBl. 1926 II S. 100.)

Verfahren, Kosten:

Allgemeine Verfügung vom 24. Februar 1921.

(JMBl. 1921 S. 127.)

I. Für die auf Ersuchen tschechoslowakischer Justizbehörden geleistete Rechtshilfe sind fortan nur Zeugen- und Sachverständigengebühren sowie die in § 10 III Abs. 1 Satz 2 der Allgemeinen Verfügung vom 16. Juni 1910 (JMBl. S. 189) bezeichneten sonstigen Auslagen in Rechnung zu stellen. Abs. 5 des obenerwähnten Runderlasses wird insoweit abgeändert. Die Gegenseitigkeit ist verbürgt.

II. Es liegt Veranlassung vor, darauf hinzuweisen, daß der Rechtshilfeverkehr mit den Justizbehörden des Hultschiner Gebiets nicht auf diplomatischem Wege, sondern unmittelbar erfolgt (Abs. 4 des obenerwähnten Runderlasses).

Berlin, den 24. Februar 1921.

Der Justizminister. J. V.: Mügel.

Allgemeine Verfügung vom 25. Juni 1924 über den Rechtshilfeverkehr mit der Tschechoslowakei in Strafsachen, soweit er im diplomatischen Wege stattfindet.

(JMBl. 1924 S. 265.)

Bekanntmachung der Übergabe- und Übernahmeorte vom 18. Januar 1927.

(RGBl. 1927 II S. 15.)

B. Zwischenstaatliche Vereinbarungen, an denen mehrere Staaten beteiligt sind.

Internationales Übereinkommen zur Bekämpfung des Mädchenhandels vom 4. Mai 1910.

(RGBl. 1913 S. 31.)

Artikel 1.

Wer, um der Unzucht eines anderen Vorschub zu leisten, eine minderjährige Frau oder ein minderjähriges Mädchen, selbst mit deren Einwilligung, zu unsittlichem Zwecke anwirbt, verschleppt oder entführt, soll bestraft werden, auch wenn die einzelnen Tatsachen, welche die Merkmale der strafbaren Handlung bilden, auf verschiedene Länder entfallen.

Artikel 2.

Ferner soll bestraft werden, wer, um der Unzucht eines anderen Vorschub zu leisten, eine volljährige Frau oder ein volljähriges Mädchen durch Täuschung oder mittels Gewalt, Drohung, Mißbrauchs des Ansehens oder durch irgendein anderes Zwangsmittel zu unsittlichem Zwecke anwirbt, verschleppt oder entführt, auch wenn die einzelnen Tatsachen, welche die Merkmale der strafbaren Handlung bilden, auf verschiedene Länder entfallen.

Artikel 5.

Die in den Artikeln 1, 2 vorgesehenen strafbaren Handlungen sollen vom Tage des Inkrafttretens dieses Übereinkommens an ohne weiteres als in die Aufzählung derjenigen strafbaren Handlungen aufgenommen gelten, deretwegen die Auslieferung nach den unter den vertragschließenden Teilen bereits bestehenden Vereinbarungen stattfindet.

Soweit die vorstehende Abrede nicht ohne Änderung

der bestehenden Gesetzgebung wirksam werden kann, verpflichten sich die vertragschließenden Teile, die erforderlichen Maßnahmen zu treffen oder ihren gesetzgebenden Körperschaften vorzuschlagen.

Ausführungsgesetz zum Internationalen Übereinkommen zur Bekämpfung des Mädchenhandels vom 4. Mai 1910.

(RGBl. 1913 S. 44.)

Wir Wilhelm, von Gottes Gnaden Deutscher Kaiser, König von Preußen usw.

verordnen im Namen des Reichs, nach erfolgter Zustimmung des Bundesrats und des Reichstags, was folgt:

§ 1.

Gemäß der Abrede im Artikel 5 des internationalen Übereinkommens zur Bekämpfung des Mädchenhandels vom 4. Mai 1910 gelten die in den Artikeln 1, 2 des Übereinkommens vorgesehenen strafbaren Handlungen ohne weiteres als unter die strafbaren Handlungen aufgenommen, deretwegen die Auslieferung nach den Auslieferungsverträgen des Reichs mit denjenigen fremden Staaten stattzufinden hat, für welche die Abrede wirksam ist.

§ 2.

Für welche fremden Staaten die im § 1 erwähnte Abrede wirksam ist, bestimmt sich nach der hierüber im Reichs-Gesetzblatt zu veröffentlichenden Bekanntmachung des Reichskanzlers.

Urkundlich unter Unserer Höchsteigenhändigen Unterschrift und beigedrucktem Kaiserlichen Insiegel.

Gegeben Wilhelmshöhe, den 14. August 1912.

Wilhelm.

von Bethmann Hollweg.

Folgenden Staaten gegenüber ist die Auslieferungsabrede des Internationalen Abkommens zur Bekämpfung des Mädchenhandels wirksam: Belgien, Großbritannien mit den RGBl. 1928 II S. 315 aufgezählten Teilen des Britischen Reiches, Italien, Niederlande mit Niederländisch-Indien, Surinam, Curacao, Norwegen, Schweden, Schweiz, Spanien, Tschechoslowakei (RGBl. 1928 II S. 315) und Luxemburg (RGBl. 1929 II S. 127).

Genfer Übereinkunft zur Unterdrückung des Frauen- und Kinderhandels vom 30. September 1923.

(RGBl. 1924 II S. 191.)

Artikel 4.

Die Vertragsteilnehmer verpflichten sich, soweit keine Auslieferungsverträge zwischen ihnen bestehen, alle ihnen möglichen Maßnahmen zu treffen, um die Personen auszuliefern, die wegen der in Artikel 1 und 2 des Übereinkommens vom 4. Mai 1910 bezeichneten strafbaren Handlungen verfolgt werden oder verurteilt worden sind.

Abkommen gegen Verbreitung unzüchtiger Veröffentlichungen vom 4. Mai 1910.

(RGBl. 1911 S. 209.)

Artikel 1.

Jede der vertragschließenden Regierungen verpflichtet sich, eine Behörde einzurichten oder zu bezeichnen, der es obliegt

1. alle Nachrichten zu sammeln, welche die Ermittelung und die Bekämpfung derjenigen Handlungen erleichtern können, die sich als Zuwiderhandlungen gegen ihre Landesgesetzgebung hinsichtlich unzüchtiger Schriften, Zeichnungen, Bilder oder Gegenstände

darstellen und deren Tatbestandsmerkmale einen internationalen Charakter haben;

2. alle Nachrichten zu liefern, die geeignet sind, die Einfuhr der in Nummer 1 bezeichneten Veröffentlichungen oder Gegenstände zu hindern wie auch ihre Beschlagnahme zu sichern oder zu beschleunigen, alles innerhalb der Grenzen der Landesgesetzgebung;
3. die Gesetze mitzuteilen, die mit Beziehung auf den Gegenstand dieses Abkommens in ihren Staaten bereits erlassen sind oder noch erlassen werden.

Die vertragschließenden Regierungen werden sich gegenseitig durch Vermittelung der Regierung der Französischen Republik die gemäß diesem Artikel eingerichtete oder bezeichnete Behörde bekanntgeben.

Artikel 2.

Die im Artikel 1 bezeichnete Behörde soll das Recht haben, mit der in jedem der anderen Vertragsstaaten errichteten gleichartigen Verwaltung unmittelbar zu verkehren.

Artikel 3.

Die im Artikel 1 bezeichnete Behörde soll, falls die innere Gesetzgebung ihres Landes dem nicht entgegensteht, gehalten sein, die Strafnachrichten über die in diesem Lande erfolgten Verurteilungen den gleichartigen Behörden aller anderen Vertragsstaaten mitzuteilen, sofern es sich um Zuwiderhandlungen der im Artikel 1 bezeichneten Art handelt.

Abkommen gegen Verbreitung unzüchtiger Veröffentlichungen vom 12. September 1923.

(RGBl. 1925 II S. 288.)

Zusammenstellung der beteiligten Staaten.

(JMBl. 1928 S. 463.)

C. Zwischenstaatliche Vereinbarungen mit Staaten, mit denen Auslieferungsverträge deutscher Einzelstaaten in Geltung sind.

Frankreich.

Preußisch-Französischer Auslieferungsvertrag vom 21. Juni 1845.

(Pr. GS. 1845 S. 579.)

Allgemeine Verfügung vom 17. April 1920 über den Auslieferungsverkehr zwischen Preußen und Frankreich.

(JMBl. 1920 S. 158.)

Der Vertrag zwischen Preußen und Frankreich wegen gegenseitiger Auslieferung flüchtiger Verbrecher vom 21. Juni 1845 (GS. S. 579) sowie die zu seiner Erweiterung und Ergänzung getroffenen Übereinkommen sind in Ausführung des Artikels 289 des Friedensvertrags am 9. März d. J. wieder in Kraft gesetzt worden.

Wegen des Inhalts dieser Übereinkommen wird auf die nachfolgende Zusammenstellung verwiesen.

Berlin, den 17. April 1920.

Der Justizminister.
Dr. am Zehnhoff.

Der auf dem Vertrage vom 21. Juni 1845 (GS. S. 579) beruhende Auslieferungsverkehr zwischen Preußen einerseits und Frankreich andererseits hat bisher folgende Erweiterungen und Ergänzungen erfahren.

I.

Auf Grund von Gegenseitigkeitserklärungen findet die Auslieferung statt wegen:

1. Unterschlagung ohne Rücksicht auf den Wert des Gegenstandes, wenn die Handlung gleichzeitig nach

französischem Rechte als Abus de confiance (Art. 408 Code pénal) strafbar ist;

2. einfachen Diebstahls ohne Rücksicht auf den Wert des Gegenstandes, sofern die Handlung nach beiderseitiger Gesetzgebung als Verbrechen oder Vergehen mit Strafe bedroht ist;
3. Betrugs, sofern die Handlung gleichzeitig nach deutschem Rechte als Betrug und nach französischem Rechte als Escroquerie strafbar ist;
4. aktiver und passiver Beamtenbestechung, wenn die Handlung gleichzeitig nach deutschem Rechte als Bestechung öffentlicher Beamter zum Zwecke einer Verletzung ihrer Amtspflicht (§§ 332 bis 334 RStGB.) und nach französischem Rechte als Corruption de fonctionnaires publics (Code pénal Art. 177 bis 179, 181, 182) mit Strafe bedroht ist;
5. Begünstigung;
6. Körperverletzung mit tödlichem Ausgange;
7. Blutschande, wenn die Handlung zugleich nach § 173 RStGB. und Art. 331 Abs. 2 des Code pénal strafbar ist;
8. Entführung von Minderjährigen beiderlei Geschlechts, wenn die Tat nach den Gesetzen des einen wie des anderen Teiles als Verbrechen oder Vergehen strafbar ist (§§ 235 bis 237 RStGB. und Art. 354 bis 357 des Code pénal; § 21 preuß. Ges. vom 2. Juli 1900 [GS. S. 264] und Art. 357 des Code pénal, ergänzt durch Gesetz vom 5. Dezember 1901);
9. Untreue (§ 266 RStGB.), wenn die Handlung gleichzeitig nach französischem Rechte als Abus de confiance (Art. 408 Code pénal) strafbar ist;
10. vorsätzlicher Körperverletzung, sofern Tat.

umstände vorliegen, die nach dem Rechte des einen oder des anderen Teiles die Strafbarkeit erhöhen;

11. gewohnheitsmäßiger Kuppelei mit Minderjährigen, soweit sie nach der beiderseitigen Gesetzgebung mit Strafe bedroht ist;
12. Erpressung, wenn sie nach der beiderseitigen Gesetzgebung als Verbrechen oder Vergehen mit Strafe bedroht ist;
13. Abtreibung;
14. Versuchs aller Straftaten, die nach dem Auslieferungsvertrage vom 21. Juni 1845 und den ihn ergänzenden Gegenseitigkeitserklärungen die Auslieferung begründen, soweit der Versuch nach der beiderseitigen Gesetzgebung mit Strafe bedroht ist.

II.

Auf Grund von Gegenseitigkeitserklärungen besteht wechselseitiges Einverständnis über erweiternde Auslegung des Auslieferungsvertrags vom 21. Juni 1845 in folgenden Punkten:

1. Die Hehlerei ist als Teilnahme an dem Verbrechen oder Vergehen des Diebstahls aufzufassen.
2. Unter dem im Artikel 2 Nr. 3 des Auslieferungsvertrags vom 21. Juni 1845 aufgeführten Verbrechen der Verfälschung von authentischen Schriften oder Handelspapieren und von Privatschriften ist nicht nur die Fälschung einer dieser Urkunden, sondern auch das Gebrauchmachen von einem solchen verfälschten Schriftstücke zu verstehen.
3. Auch nach Übergabe einer ausgelieferten Person soll noch die nachträgliche Genehmigung zur Strafverfolgung wegen solcher in dem ursprünglichen Auslieferungsantrage nicht enthaltener Handlungen bewilligt werden, wegen deren die Auslieferung nach

dem Auslieferungsvertrage vom 21. Juni 1845 und den zu seiner Ergänzung getroffenen Abmachungen überhaupt zu bewilligen ist.

III.

Wenn eine ausgelieferte Person nach rechtskräftiger Aburteilung wegen der Straftat, derentwegen die Auslieferung erfolgt ist, das Gebiet des Staates, dem sie ausgeliefert ist, innerhalb einer ihr von der Justizverwaltung gestellten Frist nicht rechtzeitig verläßt, so kann sie auch vor den Gerichten des ersuchenden Staates wegen eines vor der Auslieferung begangenen gemeinen Verbrechens oder Vergehens strafrechtlich verfolgt werden, wegen dessen die Auslieferung nicht erfolgt ist und nicht hätte verlangt werden können.

Bekanntmachung über die Auslieferung zwischen dem Deutschen Reiche und Frankreich wegen einfachen Bankrotts vom 15. Juli 1926.

(RGBl. 1926 II S. 424.)

Bekanntmachung über die Auslieferung zwischen dem Deutschen Reiche und Frankreich wegen Vornahme unzüchtiger Handlungen ohne Gewalt mit Personen unter dreizehn Jahren vom 14. Februar 1927.

(RGBl. 1927 II S. 29.)

Auslieferungsverträge deutscher Einzelstaaten mit Frankreich. Zusammenstellung bei Mettgenberg im Handwörterbuch der Rechtswissenschaft I. Bd., S. 445, Artikel: Auslieferungsrecht.

Verfahren:

Allgemeine Verfügung vom 12. März 1912 (JMBl. 1912 S. 96).

Bekanntmachung über eine deutsch-französische Vereinbarung zur Regelung des Austausches von Strafnachrichten vom 20. Dezember 1929 (RGBl. 1929 II S. 763).

D. Regeln des Auslieferungsverkehrs mit Staaten, mit denen keine Auslieferungsverträge bestehen.

1. Brasilien.

Bekanntmachung des RMdA. und des RMdJ. vom 16. Juni 1926.

(JMBl. 1926 S. 249.)

Inhalt: Aufrechterhaltung des Auslieferungs- und sonstigen Rechtshilfeverkehrs unter der Voraussetzung der Gegenseitigkeit.

2. Bulgarien.

Bekanntmachung im RGBl. 1926 II S. 581.

Inhalt: Seit dem Außerkrafttreten des deutsch-bulgarischen Auslieferungsvertrags vom 29. September 1911 (RGBl. 1913 S. 468) Auslieferung auf Grund der Gegenseitigkeit.

3. Dänemark.

Bekanntmachungen im JMBl. 1910 S. 166.

Inhalt: Auslieferung auf Grund der Gegenseitigkeit wegen fahrlässiger Tötung und wegen Verbreitung unzüchtiger Schriften

und JMBl 1910 S. 327.

Inhalt: Auslieferung wegen Teilnahmehandlungen.

4. Danzig.

Bekanntmachung im JMBl. 1923 S. 619.

Inhalt: Auslieferungsersuchen auf diplomatischem Wege.

5. Estland.

Bekanntmachung über die Regelung der Kostenfrage im Rechtshilfeverkehr in Strafsachen.

(RGBl. 1926 II S. 254.)

Inhalt: Verzicht auf Erstattung außer Sachverständigenkosten.

6. Jugoslawien.

Bekanntmachung im JMBl. 1927 S. 138.

Inhalt: Im Auslieferungsverkehr gilt beiderseits der Grundsatz der Spezialität.

7. Lettland.

Allgemeine Verfügung vom 5. April 1924 über die Kostenerstattung bei Rechtshilfe in Strafsachen.

(JMBl. 1924 S. 165.)

Inhalt: Auslieferungsverkehr auf Grund tatsächlicher Gegenseitigkeit. Verzicht auf Kostenerstattung außer Sachverständigenkosten.

8. Mexiko.

Bekanntmachung über die Regelung der Kostenfrage im Rechtshilfeverkehr in Strafsachen im JMBl.

Inhalt: Verzicht auf Ersatz außer Sachverständigenkosten.

9. Österreich.

Allgemeine Verfügung vom 8. November 1920.

(JMBl. 1920 S. 607.)

Inhalt: Die bis zum November 1918 in Geltung gewesenen vertraglichen und gesetzlichen Bestimmungen werden auf Grund der Gegenseitigkeit weiter angewandt und der Auslieferungsantrag wird auf diplomatischem Wege gestellt.

10. Polen.

Bekanntmachung über den deutsch-polnischen Rechtshilfeverkehr in Strafsachen vom 2. Januar 1926.

(RGBl. 1926 II S. 89.)

Zwischen dem Deutschen Reiche und der Republik Polen ist durch Notenwechsel von Bevollmächtigten der beiden Regierungen vom 16. Dezember 1925 Einverständnis über die Regelung folgender Angelegenheiten festgestellt worden:

a) Rechtshilfeverkehr in Strafsachen,

b) Veröffentlichung von Fahndungsersuchen.

Die Noten werden nebst deutscher Übersetzung der Noten des polnischen Bevollmächtigten nachstehend veröffentlicht.

Berlin, den 2. Januar 1926.

Der Reichsminister des Auswärtigen.
J. V.: von Schubert.

Der Reichsminister der Justiz.
J. V.: Dr. Joël.

Der Bevollmächtigte der Deutschen Regierung
für die deutsch-polnischen Verhandlungen.

Berlin, den 16. Dezember 1925.

Herr Bevollmächtigter!

Im Auftrag meiner Regierung beehre ich mich, als Ergebnis der deutsch-polnischen Verhandlungen über den Rechtshilfeverkehr in Strafsachen nachstehendes festzustellen.

Zwischen der Deutschen Regierung und der Polnischen Regierung besteht Einverständnis darüber, daß bis zum Abschluß des in Aussicht genommenen Auslieferungsvertrags der Rechtshilfeverkehr in Strafsachen auf der Grundlage der Gegenseitigkeit nach Maßgabe der folgenden Bestimmungen stattfindet:

1. Für Ersuchen um Zustellung von Schriftstücken, um Vornahme von Untersuchungshandlungen, um Auskunft aus dem Strafregister und um Ausantwortung von Gegenständen, die als Beweismittel für die Untersuchung von Bedeutung sein können, wird der unmittelbare Geschäftsverkehr zwischen den Gerichtsbehörden der beiden Staaten zugelassen.

Eine Übersicht der Einteilung der Gerichtsbehörden ist in Ausführung des deutsch-polnischen Vertrags über den Rechtsverkehr vom 5. März 1924 veröffentlicht.

2. Für die Absendung von Rechtshilfeersuchen dieser Art sind alle Gerichtsbehörden zuständig.

Für die Entgegennahme der Rechtshilfeersuchen sind im Deutschen Reiche die Ersten Beamten der Staatsanwaltschaft bei den Landgerichten, in Polen die Präsidenten der Gerichtshöfe erster Instanz (Sad Okregowy) zuständig. Soweit es sich um Auskunft aus dem Strafregister handelt, werden die Ersuchen unmittelbar an die Strafregisterbehörde gerichtet.

3. Die in Erledigung der Ersuchen entstandenen Schriftstücke werden der ersuchenden Behörde unmittelbar übersandt.

4. Die Rechtshilfeersuchen werden von den deutschen Gerichtsbehörden in deutscher Sprache und können von den polnischen Gerichtsbehörden in polnischer Sprache abgefaßt werden.

5. Rechtskräftige auf Strafe lautende Entscheidungen, die von den Behörden des einen Staates gegen Angehörige des andern Staates ergehen, werden dem andern Staate durch Übersendung einer Abschrift des für das Strafregister bestimmten Auszugs der Entscheidung (Strafnachricht, Strafkarte) mitgeteilt. Der Austausch erfolgt durch Ver-

mittlung des Reichsministers der Justiz in Berlin und des Polnischen Justizministeriums in Warschau.

Diese Bestimmung findet keine Anwendung, wenn nach den für die entscheidende Behörde geltenden Vorschriften die Verurteilung in das Strafregister nicht aufgenommen wird.

In gleicher Weise und in gleichem Umfang werden weitere Entscheidungen mitgeteilt, die sich auf eine in Abs. 1 bezeichnete Verurteilung beziehen.

6. Auf Ersatz der durch Gewährung der Rechtshilfe und durch Mitteilung der Strafnachrichten entstandenen Kosten wird beiderseits verzichtet. Die an Sachverständige gezahlten Entschädigungen werden jedoch erstattet.

7. Die Bestimmungen der deutsch-polnischen Abkommen zur Überleitung der Rechtspflege vom 20. September 1920 und vom 12. April 1922 bleiben unberührt.

Ich bitte, mir bestätigen zu wollen, daß die Polnische Regierung mit vorstehendem einverstanden ist.

Genehmigen Sie, Herr Bevollmächtigter, die Versicherung meiner vorzüglichsten Hochachtung.

Goes.

Der Bevollmächtigte der Polnischen Regierung
für die polnisch-deutschen Verhandlungen.

Berlin, den 16. Dezember 1925.

Herr Bevollmächtigter!

Ich beehre mich, den Empfang Ihrer Note vom heutigen Tage zu bestätigen und im Auftrag meiner Regierung zu erklären, daß Ihre Feststellung über das Ergebnis der polnisch-deutschen Verhandlungen über den Rechtshilfeverkehr in Strafsachen in allen Punkten der Auffassung der Polnischen Regierung entspricht.

Demnach besteht zwischen der Polnischen Regierung und

der Deutschen Regierung Einverständnis darüber, daß bis zum Abschluß des in Aussicht genommenen Auslieferungsvertrags der Rechtshilfeverkehr in Strafsachen auf der Grundlage der Gegenseitigkeit nach Maßgabe der folgenden Bestimmungen stattfindet:

1. Für Ersuchen um Zustellung von Schriftstücken, um Vornahme von Untersuchungshandlungen, um Auskunft aus dem Strafregister und um Ausantwortung von Gegenständen, die als Beweismittel für die Untersuchung von Bedeutung sein können, wird der unmittelbare Geschäftsverkehr zwischen den Gerichtsbehörden der beiden Staaten zugelassen.

Eine Übersicht der Einteilung der Gerichtsbehörden ist in Ausführung des polnisch-deutschen Vertrags über den Rechtsverkehr vom 5. März 1924 veröffentlicht.

2. Für die Absendung von Rechtshilfeersuchen dieser Art sind alle Gerichtsbehörden zuständig.

Für die Entgegennahme der Rechtshilfeersuchen sind in Polen die Präsidenten der Gerichtshöfe erster Instanz (Sad Okregowy), im Deutschen Reiche die Ersten Beamten der Staatsanwaltschaft bei den Landgerichten zuständig. Soweit es sich um Auskunft aus dem Strafregister handelt, werden die Ersuchen unmittelbar an die Strafregisterbehörde gerichtet.

3. Die in Erledigung der Ersuchen entstandenen Schriftstücke werden der ersuchenden Behörde unmittelbar übersandt.

4. Die Rechtshilfeersuchen werden von den polnischen Gerichtsbehörden in polnischer Sprache und können von den deutschen Gerichtsbehörden in deutscher Sprache abgefaßt werden.

5. Rechtskräftige auf Strafe lautende Entscheidungen, die von den Behörden des einen Staates gegen Angehörige

des andern Staates ergehen, werden dem andern Staate durch Übersendung einer Abschrift des für das Strafregister bestimmten Auszugs der Entscheidung (Strafnachricht, Strafkarte) mitgeteilt. Der Austausch erfolgt durch Vermittlung des Polnischen Justizministeriums in Warschau und des Reichsministers der Justiz in Berlin.

Diese Bestimmung findet keine Anwendung, wenn nach den für die entscheidende Behörde geltenden Vorschriften die Verurteilung in das Strafregister nicht aufgenommen wird.

In gleicher Weise und in gleichem Umfang werden weitere Entscheidungen mitgeteilt, die sich auf eine in Abs. 1 bezeichnete Verurteilung beziehen.

6. Auf Ersatz der durch Gewährung der Rechtshilfe und durch Mitteilung der Strafnachrichten entstandenen Kosten wird beiderseits verzichtet. Die an Sachverständige gezahlten Entschädigungen werden jedoch erstattet.

7. Die Bestimmungen der polnisch-deutschen Abkommen zur Überleitung der Rechtspflege vom 20. September 1920 und vom 12. April 1922 bleiben unberührt.

Genehmigen Sie, Herr Bevollmächtigter, die Versicherung meiner vorzüglichsten Hochachtung.

Dr. Witold Prądzyński.

Der Bevollmächtigte der Deutschen Regierung
für die deutsch-polnischen Verhandlungen.

Berlin, den 16. Dezember 1925.

Herr Bevollmächtigter!

Im Auftrag meiner Regierung beehre ich mich, als Ergebnis der deutsch-polnischen Verhandlungen über die Veröffentlichung von Fahndungsersuchen nachstehendes festzustellen:

1. Die Gerichtsbehörden des einen Staates können zur

Vorbereitung der Auslieferung die Schriftleitung des in dem andern Staate erscheinenden Fahndungsblatts (im Deutschen Reiche: Deutsches Fahndungsblatt in Berlin NO 43, Georgenkirchstr. 30; in Polen: Gazeta Śledcza za pośrednictwem Ministerstwa Sprawiedliwości[1]) in Warschau) ersuchen, die Ausschreibung eines Verfolgten zu veröffentlichen.

2. Die Ersuchen können schriftlich oder telegraphisch in der Amtssprache der ersuchenden Behörde unmittelbar bei der Schriftleitung des Fahndungsblatts gestellt werden. Um die Veröffentlichung soll nur in wichtigeren Fällen ersucht werden. Wird um die Wiedergabe eines Lichtbildes ersucht, so soll nach Möglichkeit der Druckstock beigefügt werden.

3. In dem Ersuchen ist außer den zur Feststellung der Persönlichkeit erforderlichen Angaben mitzuteilen, was über die Staatsangehörigkeit des Verfolgten bekannt ist, wegen welcher Straftat die Ausschreibung beantragt wird, daß ein rechtskräftiges Urteil, ein gerichtlicher Haftbefehl oder ein Schriftstück vorliegt, das die gleiche Geltung hat, und daß für den Fall der Ermittlung des Verfolgten die vorläufige Inhaftnahme zum Zwecke der späteren Auslieferung begehrt wird.

4. Die Veröffentlichung des Ausschreibens erfolgt in der Sprache, in der das Fahndungsblatt erscheint. Eine Verpflichtung zur Veröffentlichung besteht nicht, wenn die Angaben in dem Ersuchen unzulänglich sind oder Anhaltspunkte dafür vorliegen, daß der Verfolgte die Staatsangehörigkeit des ersuchten Staates besitzt, oder wenn die Auslieferung aus andern Gründen von vornherein unzulässig erscheint. Wird die Veröffentlichung abgelehnt,

---

[1]) Fahndungsblatt durch Vermittlung des Justizministeriums.

so wird diese Entschließung unmittelbar der ersuchenden Behörde mitgeteilt.

5. Ausschreibungen, die ihre Erledigung gefunden haben, sind von den Gerichtsbehörden durch entsprechende Benachrichtigung der Schriftleitung des Fahndungsblatts unverzüglich zurückzuziehen.

6. Kosten werden für die Veröffentlichung und den damit zusammenhängenden Schriftwechsel nicht erstattet.

7. Wird auf Grund einer Ausschreibung der Verfolgte ermittelt, so soll er in vorläufige Auslieferungshaft genommen werden, sofern sich die Festnahme nicht aus besonderen Gründen erübrigt. Von der Ermittlung oder der Festnahme wird der Behörde, welche die Ausschreibung beantragt hat, unverzüglich Nachricht gegeben. Das weitere Verfahren richtet sich nach den Grundsätzen für den Auslieferungsverkehr.

8. Die Schriftleitungen der Fahndungsblätter werden einander fortlaufend zwei Stück der Fahndungsblätter kostenlos übermitteln.

Ich bitte, mir bestätigen zu wollen, daß die Polnische Regierung mit vorstehendem einverstanden ist.

Genehmigen Sie, Herr Bevollmächtigter, die Versicherung meiner vorzüglichsten Hochachtung.

Goes.

Der Bevollmächtigte der Polnischen Regierung
für die polnisch-deutschen Verhandlungen.

Berlin, den 16. Dezember 1925.

Herr Bevollmächtigter!

Ich beehre mich, den Empfang Ihrer Note vom heutigen Tage zu bestätigen und im Auftrag meiner Regierung zu erklären, daß Ihre Feststellung über das Ergebnis der polnisch-deutschen Verhandlungen über die Veröffentlichung von Fahndungsersuchen in allen Punkten der Auffassung der Polnischen Regierung entspricht.

Demnach besteht zwischen der Polnischen Regierung und der Deutschen Regierung Einverständnis über folgendes:

1. Die Gerichtsbehörden des einen Staates können zur Vorbereitung der Auslieferung die Schriftleitung des in dem andern Staate erscheinenden Fahndungsblattes (in Polen: Gazeta Śledcza za pośrednictwem Ministerstwa Sprawiedliwości[1]) in Warschau; im Deutschen Reiche: Deutsches Fahndungsblatt in Berlin NO 43, Georgenkirchstraße 30) ersuchen, die Ausschreibung eines Verfolgten zu veröffentlichen.

2. Die Ersuchen können schriftlich oder telegraphisch in der Amtssprache der ersuchenden Behörde unmittelbar bei der Schriftleitung des Fahndungsblatts gestellt werden. Um die Veröffentlichung soll nur in wichtigeren Fällen ersucht werden. Wird um die Wiedergabe eines Lichtbildes ersucht, so soll nach Möglichkeit der Druckstock beigefügt werden.

3. In dem Ersuchen ist außer den zur Feststellung der Persönlichkeit erforderlichen Angaben mitzuteilen, was über die Staatsangehörigkeit des Verfolgten bekannt ist, wegen welcher Straftat die Ausschreibung beantragt wird, daß ein rechtskräftiges Urteil, ein gerichtlicher Haftbefehl oder ein Schriftstück vorliegt, das die gleiche Geltung hat, und daß für den Fall der Ermittlung des Verfolgten die vorläufige Inhaftnahme zum Zwecke der späteren Auslieferung begehrt wird.

4. Die Veröffentlichung des Ausschreibens erfolgt in der Sprache, in der das Fahndungsblatt erscheint. Eine Verpflichtung zur Veröffentlichung besteht nicht, wenn die

---

[1]) Fahndungsblatt durch Vermittlung des Justizministeriums.

Angaben in dem Ersuchen unzulänglich sind oder Anhaltspunkte dafür vorliegen, daß der Verfolgte die Staatsangehörigkeit des ersuchten Staates besitzt, oder wenn die Auslieferung aus andern Gründen von vornherein unzulässig erscheint. Wird die Veröffentlichung abgelehnt, so wird diese Entschließung unmittelbar der ersuchenden Behörde mitgeteilt.

5. Ausschreibungen, die ihre Erledigung gefunden haben, sind von den Gerichtsbehörden durch entsprechende Benachrichtigung der Schriftleitung des Fahndungsblatts unverzüglich zurückzuziehen.

6. Kosten werden für die Veröffentlichung und den damit zusammenhängenden Schriftwechsel nicht erstattet.

7. Wird auf Grund einer Ausschreibung der Verfolgte ermittelt, so soll er in vorläufige Auslieferungshaft genommen werden, sofern sich die Festnahme nicht aus besonderen Gründen erübrigt. Von der Ermittlung oder der Festnahme wird der Behörde, welche die Ausschreibung beantragt hat, unverzüglich Nachricht gegeben. Das weitere Verfahren richtet sich nach den Grundsätzen für den Auslieferungsverkehr.

8. Die Schriftleitungen der Fahndungsblätter werden einander fortlaufend zwei Stück der Fahndungsblätter kostenlos übermitteln.

Genehmigen Sie, Herr Bevollmächtigter, die Versicherung meiner vorzüglichsten Hochachtung.

Dr. Witold Prądzyński.

Bekanntmachung über die Ratifikation und Ausführung der deutsch-polnischen Rechtsverträge vom 28. April 1926.

(RGBl. 1926 II S. 237.)

Allgemeine Verfügung des Preußischen Justizministers, betreffend Auskunft aus dem Strafregister und Austausch von Strafnachrichten sowie die sonstige Rechtshilfe in Strafsachen im Verkehr mit Polen (JMBl. 1926 S. 147) **in der Neufassung der Allgemeinen Verfügung vom 27. Dezember 1926.**

(JMBl. 1926 S. 435.)

11. Rumänien.

Allgemeine Verfügung vom 13. Februar 1922.

(JMBl. 1922 S. 46.)

Inhalt: Gegenseitigkeit, die eine Zeitlang nach dem Kriege nicht mehr bestand (vgl. JMBl. 1921 S. 568), ist wieder verbürgt.

12. Türkei.

Bekanntmachung über deutsch-türkischen Freundschaftsvertrag vom 23. Februar 1926.

(RGBl. 1926 II S. 176.)

Inhalt: In Artikel 3 kommen die vertragschließenden Staaten überein, Rechtshilfeangelegenheiten durch Vereinbarungen auf der Grundlage des Völkerrechts und der Gegenseitigkeit zu regeln.

13. Ungarn.

Bekanntmachung über die Erteilung von Auskunft über die Dauer der Auslieferungshaft vom 16. Mai 1927.

(RGBl. 1927 II S. 353.)

Sächsische Verordnung vom 22. Dezember 1924.

(JMBl. für den Freistaat Sachsen 1925 S. 1.)

Bekanntmachung bezüglich der Kosten der Rechtshilfe in Strafsachen.

(JMBl. 1924 S. 265.)

Inhalt: Gegenseitiger Verzicht auf Erstattung.

E. Allgemeine deutsche Verfahrensvorschriften.

Verfügung über das von den Justizbehörden behufs Erwirkung von Auslieferungen zu beobachtende Verfahren.

(JMBl. 1889 S. 8, abgeändert durch JMBl. 1905 S. 177.)

Gemeinschaftliche Verfügung vom 11. April 1923 betr. Auslieferungen.

(JMBl. 1923 S. 342.)

Wir haben Veranlassung, darauf hinzuweisen, daß die von fremden Regierungen gestellten Auslieferungsersuchen mit größerer Beschleunigung bearbeitet werden müssen. Eine rasche Bearbeitung dieser Ersuchen ist zunächst erforderlich im Interesse der Rechtspflege. Sodann leidet das Ansehen der deutschen Behörden, wenn den Auslieferungsersuchen fremder Staaten nicht möglichst bald entsprochen wird. Schließlich gebieten auch finanzielle Erwägungen eine rasche Erledigung der bezeichneten Sachen, da fremde Justizflüchtlinge in der Regel bis zur Durchführung der Auslieferung auf Kosten des Preußischen Staates in Haft gehalten werden müssen.

Wir ersuchen daher, die Bearbeitung der Auslieferungsersuchen in Zukunft stets so einzurichten, daß in der Regel, wenn es sich nicht um besonders verwickelt liegende Fälle handelt und der Verfolgte gleich hat festgenommen werden können, die Auslieferung spätestens drei Wochen nach dem Eingange des Ersuchens beim Auswärtigen Amt bewirkt werden kann.

Berlin, den 11. April 1923.

Zugleich für den Minister des Innern.
Der Justizminister.
J. V.: Fritze.

Gemeinschaftliche Verfügung vom 26. Mai 1924 betr. Auslieferungen.

(JMBl. 1925 S. 72.)

In letzter Zeit sind wiederholt ausländische Justizflüchtlinge, deren Auslieferung von fremden Regierungen beantragt worden war, infolge mangelhafter Überwachung aus dem Gewahrsam preußischer Strafvollzugs- und Polizeibehörden entwichen.

Diese Entweichungen geben uns Veranlassung, auf die peinlichste Innehaltung aller Sicherheitsmaßregeln bei der Aufsicht über die an das Ausland abzuliefernden Verbrecher hinzuweisen, weil, abgesehen von der Wirkung auf die inneren deutschen Verhältnisse, durch die Flucht von Auslieferungsgefangenen leicht das Ansehen des Reiches und der Landesbehörden bei den fremden Regierungen beeinträchtigt und eine unerwünschte Rückwirkung gegenüber deutschen Auslieferungsanträgen ausgelöst werden kann.

Wir ersuchen daher, alle nachgeordneten Stellen, denen die Aufsicht über Auslieferungsgefangene obliegt, zur größten Sorgfalt bei deren Bewachung anzuhalten und bei jedem Verstoß gegen die Vorschriften der §§ 120, 121 und 347 des Reichs-Strafgesetzbuches auf eine strafrechtliche Ahndung hinzuwirken.

Allgemeine Verfügung über die Bestrafung von Ausländern, deren Auslieferung beantragt ist.

(JMBl. 1924 S. 359.)

Nach einem allgemein anerkannten Rechtssatze des Völkerrechts braucht eine an sich bestehende Verpflichtung zur Auslieferung erst erfüllt zu werden, wenn der Auszuliefernde der eigenen Rechtspflege des zur Auslieferung verpflichteten Staates Genüge geleistet hat. Die Auslieferung wird daher, wenn gegen den Auszuliefernden auch im Inland ein Strafverfahren geführt wird, in der Regel erst dann bewirkt, wenn die Strafverfolgung und die Strafvollstreckung in dem inländischen Verfahren vollständig erledigt sind.

Immerhin ist bei der Durchführung des Strafverfahrens einschließlich der Strafvollstreckung auf die bestehende Auslieferungsverpflichtung Rücksicht zu nehmen. Durch die AV. vom 13. März 1923 ist bereits auf das Interesse hingewiesen, das mit Rücksicht auf eine mögliche Ausweisung an einer energischen, schleunigen Führung des Strafverfahrens besteht, wenn ein Ausländer wegen einer Straftat im Inlande verfolgt wird. Die dort dargelegten Gesichtspunkte gelten in verstärktem Maße für den Fall, daß der Ausländer auch noch im Auslande strafrechtlich verfolgt wird und an dieses zum Zwecke der Strafverfolgung oder Strafvollstreckung ausgeliefert werden muß.

Insbesondere wird auch in dem Verfahren gegen einen solchen Ausländer von der Gewährung von Strafausstand oder von bedingter Strafaussetzung Abstand genommen werden müssen; sollte eine solche Vergünstigung gleichwohl gewährt sein, so wird der Umstand, daß der Verurteilte auch im Auslande strafrechtlich verfolgt wird oder verurteilt ist, Anlaß zur Prüfung der Frage bieten, ob nicht die gewährte Vergünstigung zu widerrufen oder wiederaufzuheben (V. d. JM. v. 19. 1. 1922 — JMBl. S. 30 —) sei.

Die Staatsanwaltschaft hat diesen Gesichtspunkten durch Stellung geeigneter Anträge bei den Gerichten Rechnung zu tragen und, wenn ihnen nicht entsprochen wird, beschleunigt an mich zu berichten.

Bekanntmachung über Anrechnung der Auslieferungshaft.

(JMBl. 1923 S. 25.)

Allgemeine Verfügung, betreffend die Ersuchen nach dem Ausland, soweit sie nicht auf Auslieferung oder Festnahme gerichtet sind.

(Vom 16. Juni 1911 in JMBl. 1911 S. 247, vom 2. November 1911 in JMBl. 1911 S. 410, vom 20. Oktober 1913 in JMBl. 1913 S. 412 und vom 29. Juli 1922 in JMBl. 1922 S. 288.)

Allgemeine Verfügung über die Prüfung der Staatsangehörigkeit der Beschuldigten bei der Gewährung und bei der Inanspruchnahme der zwischenstaatlichen Rechtshilfe in Strafsachen.

(JMBl. 1924 S. 264.)

Im Rechtshilfeverkehr mit außerdeutschen Behörden in Strafsachen ist es im allgemeinen Aufgabe der ersuchenden Stelle, den für die Gewährung der Rechtshilfe zuständigen Behörden die Prüfung der Voraussetzungen der Rechtshilfe zu ermöglichen. Wenn demnach auch den ersuchenden außerdeutschen Stellen gegenüber grundsätzlich daran festzuhalten sein wird, daß sich die ersuchten Behörden auf die Prüfung der von der ersuchenden Stelle beschafften und ihnen übermittelten Unterlagen beschränken können, so wird dadurch doch eine eigene Ermittlungstätigkeit in geeigneten

Fällen nicht ausgeschlossen. Eine solche wird namentlich in Frage kommen, falls es auf die Feststellung der Staatsangehörigkeit einer Person ankommt, die sich innerhalb des Deutschen Reichs befindet.

Nach einem allgemein anerkannten Rechtssatz des Völkerrechts wird Rechtshilfe in der Regel nicht gewährt, wenn sich das Strafverfahren gegen einen Reichsangehörigen richtet, der sich nicht im Hoheitsbereich der ersuchenden Regierung befindet. Eine Prüfung der Staatsangehörigkeit wird daher auch bei Ersuchen um Rechtshilfe stets erforderlich sein. Dabei wird die eigene Ermittlungstätigkeit zeitraubenden und möglicherweise ergebnislosen Rückfragen bei der ersuchenden ausländischen Behörde jedenfalls dann vorzuziehen sein, wenn nach den Umständen die Person, deren Staatsangehörigkeit wesentlich ist, die Reichsangehörigkeit besitzen könnte.

Ist in dem Ersuchungsschreiben die Staatsangehörigkeit des Beschuldigten nicht angegeben, so ist nicht schlechtweg die Erledigung des Ersuchens abzulehnen, sondern unter Zuhilfenahme der Polizeibehörde des Aufenthaltsortes des Beschuldigten und durch Anfrage bei diesem selbst zunächst der Versuch zu machen, seine Staatsangehörigkeit festzustellen. Von dem Ergebnis dieser Feststellung ist die weitere Behandlung des Rechtshilfeersuchens abhängig zu machen.

Ist in einem bei einem preußischen Gericht anhängigen Strafverfahren der Beschuldigte ein Ausländer, der sich in seinem Heimatstaat aufhält, so werden Ersuchen um Rechtshilfe, insbesondere um Vermittlung der Zustellung von Urteilen, Strafbefehlen und Ladungen oder um Vornahme von Untersuchungshandlungen zu unterlassen sein.

Sachregister.

(Die Zahlen bedeuten die Seiten.)

A.

E.

F.

L.

M.

N.

O.

T.

U.

V.

Gedruckt bei A. W. Hayn's Erben, Potsdam.

Walter de Gruyter & Co. Berlin W 10 und Leipzig
Postscheckkonto: Berlin NW 7 Nr. 59533

Das deutsche Ausländerrecht

Die Bestimmungen des Reichsrechts
und preußischen Landesrechts.

Textausgabe mit Erläuterungen
und Sachregister
von

Dr. Werner Fraustädter u. Dr. Max Kreutzberger.
Rechtsanwalt

Taschenformat. 396 Seiten. 1927.
In Leinen geb. M. 9.—.

(Guttentagsche Sammlung Deutscher Reichsgesetze Band 166.)

Die Sammlung gibt zum ersten Male einen zusammenfassenden Überblick über die Rechtsstellung der Ausländer im Deutschen Reich und in Preußen und berücksichtigt auch die außerpreußischen Länder, soweit grundsätzliche Abweichungen von den preußischen Bestimmungen bestehen. Die Erläuterungen dienen in hervorragendem Maße den Bedürfnissen der Praxis.

Nachweis wichtiger Gesetzesausgaben

mit und ohne Erläuterungen, größere und kleinere Kommentare, Lehrbücher, Sammelwerke, Entscheidungssammlungen, Zeitschriften

Zusammengestellt vom Verlage Walter de Gruyter & Co., Berlin W 10

Februar 1930

Inhaltsübersicht

I. Allgemeines, Sammelwerke.

Handwörterbuch der Rechtswissenschaft. Unter Mitberatung von Reichsgerichtspräsident Dr. E. Bumke, L. Busch, Oberreichsanwalt Dr. L. Ebermayer, Geh. Justizrat Professor Dr. Fr. Endemann, Geh. Justizrat Professor Dr. E. Heymann, Senatspräsident am Reichsgericht Dr. O. Strecker, Präsident des Bayrischen Obersten Landesgerichts Staatsrat Dr. K. v. Unzner herausgegeben von Dr. jur. **Fritz Stier-Somlo,** o. Professor an der Universität Köln, und Dr. jur **Alex. Elster,** Berlin. 6 Bände. Lexikon-Oktav. 1926/29.
In Halbleder geb. RM. 304.—

„Es zeigt sich doch jetzt immer mehr, daß Ihr Handwörterbuch ein ganz großer Wurf war. Wie ich höre, wird es auch in der Praxis in steigendem Maße benutzt." Professor Dr. Nipperdey, Köln.

Bürgerliches Rechtslexikon. (Nach dem Bürgerlichen Gesetzbuch, dem Handelsgesetzbuch und sonstigen Reichs- und Landesgesetzen.) Von E. **Christiani,** weil. Amtsgerichtsrat. Vierte, durchgearbeitete und verbesserte Auflage von Dr. Alexander **Elster,** Rechtsanwalt Dr. Hugo Hoormann, Amtsgerichtsrat Georg Krause, Lexikon-Oktav. IV, 474 Seiten. 1930 . . . . Geb. RM. 15.—

Christianis „Bürgerliches Rechtslexikon" erscheint nach seinen großen Erfolgen vor dem Kriege nunmehr in vierter Auflage. Die besondere Art der Stichwortaufteilung und die verständliche Darstellung haben es in alle Kreise gelangen lassen, die stets eine Gelegenheit zu zuverlässiger Rechtsbelehrung haben müssen.

Hedemann, J. W., **Einführung in die Rechtswissenschaft.** Zweite, erweiterte und umgestaltete Auflage. Oktav. XXII, 566 Seiten. 1927. (Lehrbücher und Grundrisse der Rechtswissenschaft Bd. IX.)
RM. 14.—, geb. RM. 16.—

„. . . Das Buch Hedemanns, welches die Aufgabe einer Einführung am reichsten und umfassendsten auffaßt und löst . . ."
Juristische Wochenschrift.

Sternberg, Theodor, **Einführung in die Rechtswissenschaft.**
I. Teil: Methoden- und Quellenlehre. Zweite, neugestaltete Auflage. Verbesserter Neudruck. 190 Seiten. 1927. (Sammlung Göschen Bd. 169.)
Geb. RM. 1.80
II. Teil: Das Rechtssystem. Erste Hälfte: Grundbegriffe und Privatrecht. Zweite, vermehrte Auflage. 133 Seiten. 1922. (Sammlung Göschen Bd. 170.) . . . . Geb. RM. 1.80

Eine in ihrer Knappheit ganz ausgezeichnete Darstellung der juristischen Begriffe und Probleme.

Schröder, Richard, und **Glitsch,** Heinrich, **Deutsche Rechtsgeschichte. schichte.** Sechste, verbesserte Auflage. Groß-Oktav. Mit einer Abbildung im Text, fünf Tafeln und einem Bildnis. 1124 Seiten. 1922.
RM. 26.—, in Halbleder geb. RM. 30.—

Dieses bekannte Lehrbuch hat sich seit langen Jahren bestens bewährt.

Fehr, Hans, **Deutsche Rechtsgeschichte.** Zweite, verbesserte und ergänzte Auflage. Oktav. 416 Seiten. 1925. (Lehrbücher und Grundrisse der Rechtswissenschaft Bd. X.) RM. 13.—, geb. RM. 14.50

Das Buch gibt eine plastische Darstellung der deutschen Rechtsgeschichte, die eine Anhäufung von Stoff ausdrücklich vermeidet, vielmehr das Schwergewicht auf eine mehr ideengeschichtliche Behandlung des Gegenstandes legt.

Schröder, Richard, und **Glitsch,** Heinrich, **Deutsche Rechtsgeschichte.** Zweite Auflage. Neudruck.
I. Bis zum Ende des Mittelalters. 160 Seiten. 1929. (Sammlung Göschen Bd. 621.) . . . . Geb. RM. 1.80

II. Die Neuzeit. 90 Seiten. 1929. (Sammlung Göschen Bd. 664.) Geb. RM. 1.80

Eine gemeinverständliche kurze Darstellung der deutschen Rechtsgeschichte.

Giese, Friedrich, **Preußische Rechtsgeschichte.** Übersicht über die Rechtsentwicklung der preußischen Monarchie und ihrer Landesteile. Ein Lehrbuch für Studierende. Groß-Oktav. 256 Seiten. 1920. RM. 5.—, geb. RM. 6.50

„Das Buch ist nicht ein, sondern das (bisher fehlende) Lehrbuch der preußischen Rechtsgeschichte."
Dr. Karl Strupp im „Verwaltungsarchiv".

von Mayr, Robert, **Römische Rechtsgeschichte.** I. Buch. Die Zeit des Volksrechtes. 1. Hälfte: Das öffentliche Recht. 150 Seiten. 1912. (Sammlung Göschen Bd. 577.) . . . . Geb. RM. 1.80
2. Hälfte: Das Privatrecht. 117 Seiten. 1912. (Sammlung Göschen Bd. 578.) . . . . Geb. RM. 1.80
II. Buch: Die Zeit des Amts- und Verkehrsrechtes. 1. Hälfte: Das öffentliche Recht. 158 Seiten. 1912. (Sammlung Göschen Bd. 645.) Geb. RM. 1.80
2. Hälfte: Das Privatrecht I. 122 Seiten. 1913. (Sammlung Göschen Bd. 646.) . . . . Geb. RM. 1.80
Das Privatrecht II. 150 Seiten. 1913. (Sammlung Göschen Bd. 647.) Geb. RM. 1.80
III. Buch. Die Zeit des Reichs- und Volksrechtes. 111 Seiten. 1913. (Sammlung Göschen Bd. 648.) . . . . Geb. RM. 1.80
IV. Buch. Die Zeit der Orientalisierung des römischen Rechtes. 155 Seiten. 1913. (Sammlung Göschen Bd. 697.) . . . . Geb. RM. 1.80

Stammler, Rudolf, **Lehrbuch der Rechtsphilosophie.** Dritte, vermehrte Auflage. Groß-Oktav. XVI, 396 Seiten. 1928. RM. 13.—, geb. RM. 15.—

„. . . Ein Werk aus einem Gusse, ein herbes Werk von größter wissenschaftlicher Strenge, eine Schule, durch die jeder gehen muß, der mit den rechtsphilosophischen Problemen der Gegenwart ringt."
Schweizerische Juristenzeitung.

Stammler, Rudolf, **Rechts- und Staatstheorien der Neuzeit.** Leitsätze zu Vorlesungen. Zweite, vermehrte und verbesserte Auflage. Oktav. IV, 116 Seiten. 1925. . . . . RM. 3.50, geb. RM. 4.50

Ein unentbehrlicher Führer durch die Rechts- und Staatstheorien der Neuzeit.

Stammler, Rudolf, **Wirtschaft und Recht** nach der materialistischen Geschichtsauffassung. Eine sozialphilosophische Untersuchung. Fünfte, durch einen Nachtrag ergänzte Auflage. Oktav. VIII, 704 Seiten. 1924. . . . . RM. 14.—, geb. RM. 16.—

„Das Werk Stammlers darf den Ruhm in Anspruch nehmen, unter allen Büchern, die in der letzten Zeit auf dem hier in Betracht kommenden Gebiet erschienen sind, die stärkste Wirkung hervorgebracht zu haben." Historische Zeitschrift.

Friedrichs, Karl, **Der Allgemeine Teil des Rechts.** Eine Darstellung der gemeinsamen Lehren des öffentlichen und des privaten Rechts. Groß-Oktav. X, 306 Seiten. 1927. . . . . . . RM. 12.—, geb. RM. 13.50

„Eine solche Arbeit fehlte bisher in der juristischen Literatur. Friedrichs ist wie kein anderer berufen, eine grundlegende Arbeit über dieses Gebiet zu schreiben." Mitteilungen des Preuß. Richtervereins.

Maas, Georg, und **Magnus,** Julius, **Abkürzungsverzeichnis der Rechtssprache.** Abkürzungen der Bezeichnungen von Rechtsquellen, Behörden, Entscheidungen usw. des deutschen und österreichischen Rechts. Oktav. IV, 140 Seiten. 1929. . . . . RM. 4.—

„Bis jetzt fehlte eine Zusammenstellung, die in zuverlässiger Weise die gebräuchlichsten Abkürzungen wiedergab. Diese Lücke füllt das neue Buch in glücklicher Weise aus." *Der junge Rechtsgelehrte.*

Endemann, Friedrich, **Grundriß des römischen Privatrechts.** Oktav. X, 256 und 30 Seiten. 1925. (Lehrbücher und Grundrisse der Rechtswissenschaft Bd. XII.) . . . . RM. 9.—, geb. RM. 10.50

„. . . ein nach jeder Richtung hochstehendes Werk."
Der junge Rechtsgelehrte.

Stammler, Rudolf, **Aufgaben aus dem römischen Recht.** Der „Institutionenübungen für Anfänger" vierte Auflage. Oktav. IV, 92 Seiten. 1919. Mit Figuren im Text . . . . Geb. RM. 5.—

Zum selbständigen Einarbeiten in das System des römischen Privatrechts.

II. Bürgerliches Recht

1. Bürgerliches Gesetzbuch

Lehmann, Heinrich, **Allgemeiner Teil des Bürgerlichen Gesetzbuches.** Dritte, vermehrte und verbesserte Auflage (9. bis 12. Tausend). Oktav. XIV, 439 Seiten. 1928. (Lehrbücher und Grundrisse der Rechtswissenschaft Bd. I.) . . . . RM. 12.—, geb. RM. 13.50

„Es liegt ein großer pädagogischer Wert in diesem Buch. Es wird sich unter den Studenten rasch großer Beliebtheit erfreuen."
Das Recht.

Leonhard, R., **Der Allgemeine Teil des Bürgerlichen Gesetzbuches** in seinem Einflusse auf die Fortentwicklung der Rechtswissenschaft. Groß-Oktav. XVI, 537 Seiten. 1900. (Recht des Bürgerlichen Gesetzbuches in Einzeldarstellungen Nr. X.) . . . . RM. 10.—

Die Sammlung „Recht des Bürgerlichen Gesetzbuches" umfaßt systematische Darstellungen des BGB. aus der Feder erster Juristen der Wissenschaft und Praxis.

Oertmann, Paul, **Allgemeiner Teil des Bürgerlichen Gesetzbuches.**
I. Einleitung. Lehre von den Personen und von den Sachen. Dritte, verbesserte Auflage. 136 Seiten. 1926. (Sammlung Göschen Bd. 447.) Geb. RM. 1.80
II. Erwerb und Verlust, Geltendmachung und Schutz der Rechte. Dritte, verbesserte Auflage. 147 Seiten. 1928. (Sammlung Göschen Bd. 448.) . . . . Geb. RM. 1.80

Nach der die Vorgeschichte des BGB. und einzelne für seine Bedeutung und Anwendung wichtige Hauptfragen behandelnden Einleitung bespricht der Verfasser die Lehre von den Personen und von den Sachen. Er verarbeitet den Inhalt der einzelnen Gesetzesparagraphen wissenschaftlich und erörtert dabei auch mehrfach Fragen, die im BGB. selbst nicht geregelt, höchstens gestreift werden.

Plancks Kommentar zum Bürgerlichen Gesetzbuch nebst Einführungsgesetz. Bisher herausgegeben von E. Strohal. Bearbeitet von E. Brodmann, L. Busch, J. Ebbecke, F. Flad, M. Greiff, K. Gunkel, P. Knoke, M. Landois, A. Lobe, Fr. Oegg, H. Siber, O. Strecker, K. von Unzner. Vierte, völlig neubearbeitete Auflage. Lexikon-Oktav. Bisher sind erschienen:
I. Band: Allgemeiner Teil. 606 Seiten. 1913. RM. 15.—, geb. RM. 17.—
II. Band, 1. Hälfte: Recht der Schuldverhältnisse. (Allgemeiner Teil.) 640 Seiten. 1914 . . . . RM. 15.—, geb. RM. 17.—

II. Band, 2. Hälfte: Recht der Schuldverhältnisse. (Besonderer Teil.) 1296 Seiten. 1928 . . . . RM. 49.—, geb. RM. 52.—
III. Band: Sachenrecht. 1464 Seiten. 1920. RM. 30.—, geb. RM. 33.—
IV. Band: Familienrecht. 1. Hälfte §§ 1297—1588. 701 Seiten. 1928. RM. 26.—, geb. RM. 28.—
V. Band: Erbrecht.
Erste Lieferung: §§ 1922—1984. 192 Seiten. 1924 . . RM. 6.—
Zweite Lieferung: §§ 1985—2063. 160 Seiten. 1926 . . RM. 7.—
Dritte Lieferung: §§ 2064—2196. 256 Seiten. 1929 . . RM. 12.—

„Für jeden Praktiker, der tiefer in den Rechtsstoff eindringen muß, um die zur Entscheidung stehende Frage zu prüfen, ist Plancks Kommentar immer ein zuverlässiger Ratgeber und seine Erläuterung und Meinung von hohem Wert und Gewicht, stets sorgfältiger Beachtung wert." Zentralblatt für freiwillige Gerichtsbarkeit.

Das Bürgerliche Gesetzbuch mit besonderer Berücksichtigung der Rechtsprechung des Reichsgerichts. Erläutert von Dr. Busch, Erler, Dr. Lobe, Michaelis, Oegg, Schliewen und Seyffarth, Reichsgerichtsräten und Senatspräsidenten am Reichsgericht. Sechste, neubearbeitete Auflage. 5 Bände. §§ 1—2385. Lexikon-Oktav. 3182 Seiten. 1928 . . . . RM. 125.—, in Halbleder geb. RM. 150.—
I. Band: Allgemeiner Teil. Recht der Schuldverhältnisse I. (Allgemeiner Teil.) — II. Band: Recht der Schuldverhältnisse II. (Einzelne Schuldverhältnisse.) — III. Band: Sachenrecht. — IV. Band: Familienrecht. — V. Band: Erbrecht. Alphabetisches Sachverzeichnis.
(Das Werk wird nur komplett abgegeben.)

„Eine neue Auflage dieses für die Praxis wertvollsten Kommentars ist ein Ereignis für die Juristenwelt."
Blätter für Rechtspflege im Bezirk des Kammergerichts.

Achilles-Greiff, Bürgerliches Gesetzbuch nebst Einführungsgesetz. In Verbindung mit André, Meyer, Strecker, v. Unzner. Zwölfte, vermehrte und verbesserte Auflage, mit Erläuterungen der Verordnung über das Erbbaurecht, des Gesetzes über die religiöse Kindererziehung und des Gesetzes für Jugendwohlfahrt. Groß-Oktav. XVI, 1247 Seiten. 1927. (Guttentagsche Sammlung Deutscher Reichsgesetze Bd. 38/39.) . . . . Geb. RM. 24.—

„Das ausgezeichnete Buch, das einer weiteren Empfehlung kaum bedarf, wird seine führende Stellung unter den Handausgaben ohne Zweifel behaupten." Juristische Rundschau.

Bürgerliches Gesetzbuch nebst Einführungsgesetz. Vom 18. August 1896 mit Berücksichtigung der bis zum 1. Januar 1928 ergangenen Abänderungen. Textausgabe mit ausführlichem Sachregister. Sechzehnte Auflage. (61. bis 66. Tausend). Taschenformat. 758 Seiten. 1928. (Guttentagsche Sammlung von Textausgaben ohne Anmerkungen mit Sachregister.) . . . . Geb. RM. 5.—

Die vorliegende Ausgabe zeichnet sich durch Vollständigkeit und besondere Ausführlichkeit des Sachregisters aus.

Lindemann, Otto, Ausführungsgesetz zum Bürgerlichen Gesetzbuche vom 20. September 1899 nebst einem Anhang: Verordnung zur Ausführung des Bürgerlichen Gesetzbuchs vom 16. November 1899. Nach dem Tode des früheren Herausgebers Kammergerichtsrat Dr. P. Siméon, erläutert von Geh. Oberjustizrat Otto Lindemann, Ministerialdirektor im Pr. Justizministerium. Vierte Auflage. Etwa 220 Seiten. 1930. (Guttentagsche Sammlung Preußischer Gesetze Bd. 23.) Geb. RM. 5.—

Die neue Auflage kommt im richtigen Augenblick, um dem fühlbaren Mangel an neuen Bearbeitungen der Ausführungsgesetze zum Bürgerlichen Gesetzbuch abzuhelfen. Sie ist völlig neu bearbeitet und nach den Ergebnissen von Gesetzgebung und Rechtsprechung bis in die jüngste Zeit ergänzt.

v. Schwerin, Cl., Frhr., **Grundzüge des deutschen Privatrechts.** Zweite Auflage. Oktav. XII, 342 Seiten. 1928. (Lehrbücher und Grundrisse der Rechtswissenschaft Bd. XIII.) RM. 9.50, geb. RM. 11.—

„*Was dem Studenten not tut, ist ein kurzgefaßtes Handbuch. ... Ein ausgezeichnetes Hilfsmittel dieser Art ist das vorliegende Buch.*“ *Zeitschrift für Rechtspflege in Bayern.*

Wegner, Arthur, **Jugendrecht.** Ein Lehrbuch zur Einführung. Oktav. IX, 219 Seiten. 1929 . . . . RM. 6.—, geb. RM. 7.50

„*Ein gleichartiges und gleichwertiges Werk über das Jugendgericht gibt es noch nicht.*“ *Breslauer Zeitung.*

Schuldverhältnisse insbesondere

Hedemann, Justus Wilh., **Schuldrecht des Bürgerlichen Gesetzbuches.** Oktav. Zweite Auflage in Bearbeitung. (Lehrbücher und Grundrisse der Rechtswissenschaft Bd. II.)

„*Die Schrift bietet die beste mir bekannte Einführung in das schwierige Recht der Schuldverhältnisse.*“ *Staats- und Selbstverwaltung.*

Oertmann, Paul, **Schuldrecht.** (BGB. II.)
I. Allgemeine Lehren. Dritte, verbesserte Auflage. 142 Seiten. 1927. (Sammlung Göschen Bd. 323.) . . . . Geb. RM. 1.80
II. Die einzelnen Schuldverhältnisse. Dritte, verbesserte Auflage. 159 Seiten. 1929. (Sammlung Göschen Bd. 324.) . . Geb. RM. 1.80

„*In knapper Form und gemeinverständlicher Ausdrucksweise ist ein vorzüglicher Überblick über den Stoff gegeben.*“ *Leipziger Zeitschrift für deutsches Recht.*

Meyer, Georg, **Das Recht der Beschlagnahme von Lohn- und Gehaltsforderungen.** Sechste Auflage. Taschenformat. 1927. Mit Nachtrag 1928. (Guttentagsche Sammlung Deutscher Reichsgesetze Bd. 55.) Geb. RM. 4.50

„*Das Buch ist in flüssiger, übersichtlicher Form geschrieben und schöpft aus der Praxis für die Praxis; ein Handbuch nicht nur für den Juristen, sondern ebenso für das kaufmännische Büro, die Fabrik und das Handelsgeschäft.*“ *Württembg. Wirtschafts-Zeitung.*

Seligsohn, Franz, **Haftpflichtgesetz.** Groß-Oktav. 349 Seiten. 1920. RM. 8.—, geb. RM. 9.50

„*Das reiche Material hat der Verfasser mit logischer Schärfe und in knapper Form bearbeitet und damit ein mustergültiges Werk geschaffen, das für die meist veralteten Kommentare zum Reichshaftpflichtgesetz einen wertvollen Ersatz bietet.*“ *Blätter für Rechtspflege im Bezirk des Kammergerichts.*

Krieg, O., **Mietrecht und Wohnungsmangelgesetzgebung** im Reiche, in Preußen und in Berlin, einschließlich Hauszinssteuer, Kostenwesen und Rechtsentscheiden des Kammergerichts und des Obersten Landesgerichts. Zusammengestellt und mit ausführlichem Schlagwortregister versehen. Vierte Auflage. Taschenformat. XII, 594 Seiten. 1928. (Guttentagsche Sammlung Deutscher Reichsgesetze Bd. 156.) Geb. RM. 10.—

„*Eine solche Ausgabe zu besitzen, ist wertvoll. Diese Ausgabe verdient schon wegen ihrer Vollständigkeit besondere Beachtung. Ein vortreffliches Sachregister ist beigegeben.*“ *Juristische Wochenschrift*

Stölzle, Hans, **Viehkauf** nach Bürgerlichem Gesetzbuch und ausländischem Recht. Verordnung, betreffend die Hauptmängel und Gewährfristen beim Viehhandel. Von Eugen Fröhner. Sechste, vermehrte und wesentlich verbesserte Auflage. Taschenformat. 699 Seiten. 1926. (Guttentagsche Sammlung Deutscher Reichsgesetze Bd. 50.) Geb. RM. 15.—

„*Das Buch ist Juristen wie Laien als lichtvoller Ratgeber in allen Fragen nur auf das wärmste zu empfehlen.*“ *Deutsche Juristen-Zeitung.*

Hoffmann, J., **Abzahlungsgeschäfte.** Vierte Auflage, besorgt von K.-A. Crisolli. Taschenformat. Im Druck. (Guttentagsche Sammlung Deutscher Reichsgesetze Bd. 34.)

„Jeder, der mit Abzahlungsgeschäften zu tun hat, kann sich bestens aus dem Büchlein informieren. Der Kommentar ermöglicht es auch dem Laien, sich mit allen einschlägigen Fragen vertraut zu machen.“
Berliner Intelligenz-Blatt.

Harnier, Ed., **Sicherung der Bauforderungen.** Dritte Auflage. Taschenformat. 122 Seiten. 1912. (Guttentagsche Sammlung Deutscher Reichsgesetze Bd. 93.) . . . . Geb. RM. 1.80

„Die vorliegende Neubearbeitung der kleinen Ausgabe des äußerst schwierigen Gesetzes findet einen weiterstreckten Interessenkreis. Nach einer äußerst klaren Einleitung werden seine Bestimmungen an der Hand der Gesetzesmaterialien und auf dem Boden des geltenden Rechts, unter Herstellung des Zusammenhanges mit ihm, in knappen Anmerkungen erläutert.“ Mitteilungen der Handelskammer Breslau.

Göppert, H., **Gesetz, betreffend die gemeinsamen Rechte der Besitzer von Schuldverschreibungen.** Zweite Auflage, bearbeitet von E. Trendelenburg. Taschenformat. 156 Seiten. 1915. (Guttentagsche Sammlung Deutscher Reichsgesetze Bd. 52.) . . . . . Geb. RM. 1.50

Dungs, H., **Sechs Haager Abkommen über internationales Privatrecht.** Taschenformat. 116 Seiten. 1910. (Guttentagsche Sammlung Deutscher Reichsgesetze Bd. 98.) . . . . Geb. RM. 1.50

„Die diesen Abkommen vom Verfasser beigefügten Erläuterungen sind kurz und klar gefaßt und entsprechen den allgemeingültigen Anschauungen. Der Kommentar von Dungs kann nur angelegentlichst empfohlen werden.“ Juristisches Literaturblatt.

Bogeng, G., **Die Haager Abkommen über das internationale Privatrecht.** Taschenformat. 173 Seiten. 1908. (Guttentagsche Sammlung Deutscher Reichsgesetze Bd. 90.) . . . . Geb. RM. 2.—

Sachenrecht insbesondere

Hedemann, Justus Wilh., **Sachenrecht des Bürgerlichen Gesetzbuches.** Oktav. XXXII, 507 Seiten. 1924. (Lehrbücher und Grundrisse der Rechtswissenschaft Bd. III.) . . . . . RM. 12.—, geb. RM. 13.50

„Ein trotz seiner Kürze ausgezeichnetes und inhaltreiches Lehrbuch, nicht nur für den Studierenden, sondern auch für ältere Juristen. Die Arbeit ist wissenschaftlich tiefgründig und doch gemeinverständlich geschrieben.“ Zeitschrift des Deutschen Notarvereins.

Kretschmar, F., **Sachenrecht.**

I. Allgemeine Lehren. Besitz und Eigentum. Zweite, verbesserte Auflage. 142 Seiten. 1922. (Sammlung Göschen Bd. 480.) Geb. RM. 1.80

II. Begrenzte Rechte. 144 Seiten. 1923. (Sammlung Göschen Bd. 481.) Geb. RM. 1.80

Diese Bändchen bieten die Grundzüge des Sachenrechts in gedrängter und klarer Form.

Lenzen, Georg, **Das Deutsche Pfandleihrecht.** Kommentar zum preußischen Pfandleihgesetz unter Berücksichtigung der außerpreußischen Gesetze. Oktav. XXVI, 266 Seiten. 1929 . . . . Geb. RM. 20.—

„Diese zusammenfassende Darstellung ist die erste ihrer Art und sehr verdienstlich. Das Buch regt zu allerhand Fragen an.“
Juristische Wochenschrift.

Günther, Hermann, **Erbbaurecht. Taschenformat.** 167 Seiten. 1919. (Guttentagsche Sammlung Deutscher Reichsgesetze Bd. 135.)
Geb. RM. 2.—

„Günther ist ausführlich, ohne weitschweifig zu sein; ausgezeichnete Vorbemerkungen geben vorzügliche Übersicht und wahren den Zusammenhang. Überall ist der bisherige Rechtszustand, der ja für absehbare Zeit seine Bedeutung behält, mit in das Bereich der Betrachtungen gezogen. Der Praxis wird das Werk von hervorragendem Nutzen sein." Beiträge zur Erläuterung des deutschen Rechts.

Arnheim, Hugo, **Grundbuchordnung.** Kommentar zur Grundbuchordnung für das Deutsche Reich nebst den für Preußen erlassenen Ausführungsbestimmungen. Zweite, völlig neubearbeitete Auflage. Lexikon-Oktav. 959 Seiten. 1913 . . . . RM. 15.—

„Der Band weist außerordentliche Gründlichkeit, Klarheit und Übersichtlichkeit auf. Man kann wohl sagen, daß kaum eine Frage auftauchen wird, die nicht wenigstens berührt wäre; die bisher zutage getretenen Fragen aber sind sämtlich in der eingehendsten Weise erörtert." Zentralblatt für freiwillige Gerichtsbarkeit.

Fischer, Otto, und **Fischer**, Norbert, **Grundbuchordnung für das Deutsche Reich** nebst den preußischen Ausführungsbestimmungen. Neunte, durchgearbeitete und ergänzte Auflage. Taschenformat. 322 Seiten. 1927. (Guttentagsche Sammlung Deutscher Reichsgesetze Bd. 42.)
Geb. RM. 5.—

„Eine der vortrefflichen alteingeführten Handausgaben der Guttentagschen Sammlung, bei der schon die Auflagenziffer für die Brauchbarkeit in der Praxis spricht. Nach wie vor ist das Buch ein vortrefflicher Wegweiser und Berater." Juristische Wochenschrift.

Ricks, Gerhard, **Die Grundbuchpraxis.** Ein Handbuch für den täglichen Gebrauch in Grundbuchsachen. Achte Auflage. Groß-Oktav. XII, 412 Seiten. 1929 . . . . RM. 12.—, geb. RM. 14.—

„Das Buch hat einen Anspruch darauf, in der Praxis geradezu verschlungen zu werden. Es ist aus der täglichen Praxis heraus für die Praxis lebensfrisch und unterhaltend geschrieben." Mitteilg. a. d. Württemb. Notariats-Praxis.

Friedlaender, Martin, **Hypothekenbeschaffung für Wohn- und Geschäftshäuser.** Handbuch für die Praxis der Grundstückswirtschaft. Groß-Oktav. VIII, 151 Seiten. 1929 . . . . . RM. 6.—, geb. RM. 7.50

„Das Buch gibt einen außerordentlich praktischen Überblick über alle Fragen der Hypothekenbeschaffung. Die anschauliche Art der Zergliederung und die gründliche Darlegung des Statuts sichern dem Buch eine weite Verbreitung." Deutsche Sparkassen-Zeitung.

Familienrecht, Erbrecht

Lehmann, Heinrich, **Familienrecht** des Bürgerlichen Gesetzbuches einschließlich Jugendfürsorgerecht. Oktav. XII, 352 Seiten. 1926. (Lehrbücher und Grundrisse der Rechtswissenschaft Bd. IV.)
RM. 11.—, geb. RM. 12.50

„Die Schilderung Lehmanns ist überall anregend und fesselnd. Das Werk kann allen Rechtsstudenten und Referendaren zur Anschaffung dringend empfohlen werden." Der junge Rechtsgelehrte.

Titze, Heinrich, **Familienrecht.** (BGB. IV.) 169 Seiten. Neudruck. 1924. (Sammlung Göschen Bd. 305.) . . . . Geb. RM. 1.80

Endemann, Fr., **Erbrecht.** Oktav. XII, 166 Seiten. 1923. (Lehrbücher und Grundrisse der Rechtswissenschaft Bd. V.) RM. 3.—, geb. RM. 4.50

„Dieser Leitfaden behandelt den spröden Stoff des schwierigen Erbrechts in meisterhafter, fesselnder Darstellung." Zeitschrift des Bundes Deutscher Justizamtmänner.

Blume, Wilh. von, **Erbrecht.** (BGB. V.)

I. Einleitung. Die Grundlagen des Erbrechts. 75 Seiten. 1913. (Sammlung Göschen Bd. 659.) . . . . Geb. RM. 1.80

II. Die Nachlaßbeteiligten. Mit 23 Figuren. 131 Seiten. 1913. (Sammlung Göschen Bd. 660.) . . . . Geb. RM. 1.80

Riesenfeld, S., **Die Erbenhaftung nach dem Bürgerlichen Gesetzbuch.** Groß-Oktav. 2 Bände. 1916 . . . . . RM. 15.—, geb. RM. 18.—

I. Band: Die Grundsätze der Haftung. XII, 461 Seiten.

II. Band: Das Inventar und die Mittel der Haftungsbeschränkung. VIII, 455 Seiten.

„Ein hervorragendes Werk, das in allen Teilen die vollständige Beherrschung des schwierigen Stoffes erkennen läßt und sich dabei durch klare und gemeinverständliche Darstellung auszeichnet."

Sächsisches Archiv für Rechtspflege.

Aufwertung

Michaelis, Richard, **Das Aufwertungsrecht** nach den Aufwertungsgesetzen und nach allgemeinem bürgerlichem Rechte. Kommentar zu den Gesetzen vom 16. Juli 1925 über die Aufwertung von Hypotheken und anderen Ansprüchen und über die Ablösung öffentlicher Anleihen sowie systematische Darstellung des Aufwertungsrechts außerhalb dieser Gesetze. Zweite, gänzlich umgearbeitete Auflage des Kommentars zur Dritten Steuernotverordnung vom 14. Februar 1924 (Aufwertung). Mit einer Fristentabelle von H. Hoormann. Groß-Oktav. X, 516 Seiten. 1926. Mit Nachtrag 1927. (de Gruytersche Sammlung Deutscher Gesetze. Handkommentare.) . . . . Geb. RM. 16.—

„Es handelt sich um ein ganz erstklassiges Werk, das sich für jeden Aufwertungsinteressenten als unentbehrlich erweisen wird."

Deutsche Allgemeine Zeitung.

Berliner, Ludwig, und **Pfaffenberger,** Ernst, **Aufwertung von Versicherungsansprüchen** mit Durchführungsbestimmungen.

I. Teil. Oktav. 235 Seiten. 1925. (Guttentagsche Sammlung Deutscher Reichsgesetze Bd. 164.) . . . . Geb. RM. 6.50

II. Teil: Sach- und Transportversicherung; Unfall- und Haftpflichtversicherung. Oktav. 112 Seiten. 1926. Mit Nachtrag. (Guttentagsche Sammlung Deutscher Reichsgesetze Bd. 164a.) . . Geb. RM. 3.50

„Eine ganz ausgezeichnete, wohldurchdachte Darstellung und Erläuterung des Aufwertungsrechtes des gesamten Versicherungswesens, eine unentbehrliche Ergänzung zu jedem Gesamtkommentar über das Aufwertungsgesetz." *Zentralblatt für Handelsrecht.*

2. Handelsrecht.

v. **Gierke,** Jul., **Handelsrecht und Schiffahrtsrecht.** Dritte, ergänzte Auflage. Groß-Oktav. XIV, 744 Seiten. 1929. (Lehrbücher und Grundrisse der Rechtswissenschaft Bd. VI.) RM. 21.—, geb. RM. 22.50

„. . . ein außerordentlich hochstehendes, immer den neuesten Stand der Lehre und der Rechtsprechung widerspiegelndes Lehrbuch des Handelsrechts im weitesten Sinn." *Der junge Rechtsgelehrte.*

Lehmann, K., und **Hoeniger,** H., **Lehrbuch des Handelsrechts.** Dritte Auflage. Erster Halbband, enthaltend die Lehre vom Handelsstand und von den Handelsgesellschaften. Groß-Oktav. 432 Seiten. 1921. RM. 10.—

Ein großangelegtes Lehrbuch des Handels- und Schiffahrtsrechts.

Lehmann, K., und Hoeniger, H., Deutsches Handelsrecht.

I. **Einleitung.** Der Kaufmann und seine Hilfspersonen. Offene Handelsgesellschaft, Kommandit- und stille Gesellschaft. 117 Seiten. 1921. (Sammlung Göschen Bd. 457.) . . . . Geb. RM. 1.80

II. Aktiengesellschaften, Gesellschaften mit beschränkter Haftung, eingetragene Genossenschaften. Handelsgeschäft, 126 Seiten. 1924. (Sammlung Göschen Bd. 458.) . . . . Geb. RM. 1.80

Eine gemeinverständliche Darstellung in gedrängter Form.

Hein, Joh., **Die Zusammenhänge zwischen Steuerrecht und Handelsrecht und ihre Entwicklung,** untersucht an dem Gewinn und an der Bewertung. Eine bilanzrechtliche und bilanzkritische Darstellung mit praktischen Beispielen. Groß-Oktav. X, 280 Seiten. 1928.
RM. 10.—, geb. RM. 12.—

„Das Buch führt in klarer Gestaltung in die Probleme des Bilanzrechts ein. Eine übersichtliche Gliederung ermöglicht eine schnelle und doch gründliche Einführung. Darüber hinaus stellt das Buch eine wesentliche Förderung für die dringend notwendige wissenschaftliche Behandlung des Steuerbilanzrechts und seiner Zusammenhänge mit den verwandten Rechtsmaterien dar." Zeitschrift für Handelsrecht.

Veröffentlichungen der Vereinigung der Handelsrechtslehrer deutscher Hochschulen.

Bericht über die erste Tagung der Vereinigung in Berlin am 7. und 8. März 1927 (Senatssaal der Universität). Mit Beiträgen von **Ernst Heymann, Hans Wüstendörfer, Otto Schreiber** und **Arthur Nußbaum.** Oktav 65 Seiten. 1928. . . . . RM. 5.—

Das Handelsrecht zeigt heute unter den privatrechtlichen Materien die meisten wissenschaftlichen und gesetzgeberischen Probleme und entwickelt am meisten Initiative. Unter diesen Verhältnissen werden sich die Veröffentlichungen der Vereinigung der Handelsrechtslehrer deutscher Hochschulen als besonders fruchtbar und förderlich erweisen.

Staubs Kommentar zum Handelsgesetzbuch. Zwölfte und dreizehnte Auflage. Bearbeitet von Heinrich Koenige, Albert Pinner, Felix Bondi. Vier Bände und ein Registerband. Groß-Oktav. 4000 Seiten. 1927 . . . . Zusammen RM. 157.—, in Halbleder RM. 183.60

„Der Staubsche Kommentar ist das klassische Hilfswerk zum Deutschen Handelsgesetzbuch und für die Beurteilung der zahlreichen schwierigen Fragen dieses Gesetzes maßgebend geworden; es stellt ein unentbehrliches Mittel zur Erfassung und zur Anwendung des Gesetzes dar." Frankfurter Zeitung.

Mosse, Albert, und **Heymann,** Ernst, Handelsgesetzbuch (ohne Seerecht). Mit den ergänzenden Vorschriften des Bürgerlichen Gesetzbuchs und einem Anhang, enthaltend das Einführungsgesetz, das Depotgesetz, die Bestimmungen über Börsentermin- und Differenzgeschäfte u. a. Nebst Erläuterungen. Im Anschluß an die Textausgabe von F. Litthauer. Siebzehnte Auflage. Unter Mitwirkung von Karl August Crisolli. Oktav. VIII, 693 Seiten. 1926 (Guttentagsche Sammlung Deutscher Reichsgesetze Bd. 4.) . . . . Geb. RM. 14.—

„Die Litthauer-Mossesche Ausgabe des Handelsgesetzbuches hat bei allen Praktikern seit langem den wohlbegründeten Ruf größter Zuverlässigkeit und übersichtlicher Anordnung, die mit möglichster Knappheit des Ausdrucks gepaart sind. Das Buch ist ein zuverlässiger Führer durch das immer schwieriger werdende Gebiet des Handelsrechts." Vossische Zeitung.

Handelsgesetzbuch nebst Einführungsgesetz und Seerecht. Elfte Auflage. 381 Seiten. 1924. (Guttentagsche Sammlung von Textausgaben ohne Anmerkungen.) . . . . Geb. RM. 2.60

Die handliche Ausgabe enthält den genauen Gesetzestext mit einem das Zurechtfinden sehr erleichternden Sachregister.

Baum, G., **Das vertragliche Wettbewerbsverbot** (Konkurrenzklausel). Nebst Kommentar zum Gesetze vom 10. Juni 1914. Taschenformat. XII, 231 Seiten. 1914. (Guttentagsche Sammlung Deutscher Reichsgesetze Bd. 115.) . . . . Geb. RM. 3.—

Gesellschaften

Brodmann, Erich, **Aktienrecht.** Kommentar. Groß-Oktav. XII, 580 Seiten. 1928. (Gewerbe- und Industrie-Kommentar Bd. IV.)
RM. 28.—, geb. RM. 30.—

„Mit unvergleichlichem Geschick hat der Verfasser Großartiges geleistet — Brodmann ist Trumpf!" Zeitschrift für Aktiengesellschaften.

Solmssen, Georg, **Probleme des Aktienrechts** unter besonderer Berücksichtigung ihrer Entwicklung in den Vereinigten Staaten von Amerika. Zweite Auflage. Oktav. I, 127 Seiten. 1928 . . RM. 2.50

„Sämtliche Momente, die bei der Prüfung der Frage, ob und inwieweit das geltende deutsche Aktienrecht änderungsbedürftig ist, haben eine eingehende und umfassende Erörterung gefunden. Allen, die sich mit dieser recht heiklen Frage befassen, kann die Anschaffung des Werkes wärmstens empfohlen werden." Badische Wirtschafts-Zeitung.

Hachenburg, Max, **Kommentar zum Gesetz, betr. die Gesellschaften mit beschränkter Haftung.** (Früher **Staub-Hachenburg.**) Fünfte Auflage unter Mitarbeit von Fritz Bing und Walter Schmidt. 2 Bände . . . . RM. 43., geb. RM. 47.—
I. Band: §§ 1—34. Groß-Oktav. VI, 527 Seiten. 1926.
II. Band: §§ 35—84. Groß-Oktav. II, 452 Seiten. 1927.

„Was Hachenburg in seinen Neubearbeitungen aus diesem Buche gemacht hat, ist erstaunlich. Sein reiches juristisches Wissen, sein überlegener und kritischer Verstand, seine vorzügliche Gestaltungskraft und seine nur wenigen Juristen eigene vielseitige Auslegungskunst haben etwas Großes, Unvergleichliches geschaffen. Man findet selten ein literarisches Werk, in welchem Rechtsgelehrsamkeit und praktisches Können vereint einem Spezialgesetz so zugute kamen wie hier."
Zeitschrift für Aktiengesellschaften.

Brodmann, Erich, **Gesetz, betr. die Gesellschaften mit beschränkter Haftung.** Kommentar. Groß-Oktav. (Gewerbe- und Industrie-Kommentar Bd. I.) . . . . 2. Auflage. Im Druck.

„Übersichtliche, klare Anordnung der Erläuterungen, tiefes Eindringen in die Einzelheiten des Gesetzes unter steter Berücksichtigung des Wirtschaftslebens, erschöpfende Wiedergabe der Rechtsprechung, namentlich des Reichsgerichts, sind die besonderen Vorzüge des Werkes, das damit ein unentbehrliches Rüstzeug werden wird." Badische Rechtspraxis.

Parisius, Ludolf, und **Crüger,** Hans, **Das Reichsgesetz, betr. die Gesellschaften mit beschränkter Haftung.** Textausgabe mit Anmerkungen und Sachregister. Achtzehnte Auflage, bearbeitet von Adolf Crecelius und Fritz Citron. Taschenformat. 244 Seiten. 1929. (Guttentagsche Sammlung Deutscher Reichsgesetze Bd. 32.)
Geb. RM. 3.50

„Die äußerst sachkundig erläuterte Ausgabe wird von den interessierten Kreisen freudig begrüßt werden. Wir können das Bändchen der bekannten Sammlung bestens empfehlen."
Badische Wirtschafts-Zeitung.

Klumpp, Hermann, **Beiträge zur Rechtsstellung der Geschäftsführer einer G. m. b. H. nach deutschem und französischem Recht.** Oktav. XVI, 180 Seiten. 1928 . . . . RM. 6.—

Im G.m.b.H.-Recht hat die Stellung des Geschäftsführers besondere Bedeutung. Die vorliegende Arbeit, die unter Auswertung der umfangreichen Literatur eine eingehende Untersuchung dieser so wichtigen Frage nach deutschem und französischem Recht darstellt, wird in juristischen und geschäftlichen Kreisen Interesse finden.

Starke, Arthur, **Offene Handelsgesellschaften, Kommanditgesellschaften und stille Gesellschaften** von der Errichtung bis zur Auflösung. Nebst Vertrags- und Anmeldeformularen und mit Berücksichtigung des Steuerrechts. Oktav. XIV, 167 Seiten. 1928 . . . . RM. 5.—

Eine systematische Darstellung für Studium und Praxis.

Wechselordnung und Scheckrecht

Staubs Kommentar zur Wechselordnung. Fortgesetzt von J. Stranz und M. Stranz. Zwölfte Auflage, bearbeitet von M. Stranz und Martin Stranz. Groß-Oktav. 432 Seiten. 1929.
RM. 16.—, geb. RM. 18.—

„Staub-Stranz ist der Kommentar zur Wechselordnung. Auch die jüngste Auflage des Kommentars gibt einen echten Staub-Stranz. Weiterer Kommentar dazu ist überflüssig.“ Juristische Wochenschrift.

Stranz, J., und **Stranz,** M., **Wechselordnung** vom 3. Juni 1908. Kommentar. Zwölfte Auflage von M. und M. Stranz. Taschenformat. VIII, 396 Seiten. 1923. Mit Nachtrag 1926. (Guttentagsche Sammlung Deutscher Reichsgesetze Bd. 5.) . . . Geb. RM. 3.50

„Die Ausgabe der Wechselordnung mit ihrem äußerst nützlichen, guten Kommentar ist sehr zu empfehlen. Erfreulicherweise enthält das Bändchen auch die Bestimmungen der Zivilprozeßordnung über Urkunden- und Wechselprozesse im Anhang.“ Badische Wirtschaftszeitung.

Wechselordnung in der Fassung der Bekanntmachung vom 3. Juni 1908 (RGBl. S. 326ff.). Mit einem Anhang, enthaltend den Wechselprozeß und Nebengesetze. Textausgabe mit Einleitung und Sachregister. Taschenformat. 102 Seiten. 1928. (Guttentagsche Sammlung von Textausgaben ohne Anmerkungen.) . . . . Geb. RM. 1.50

Vorteilhafte Anordnung, ein zuverlässiges Sachregister, das das Gesetz erschließt, Handlichkeit und sauberer Druck zeichnen auch die neue Auflage der Wechselordnung aus, deren Einleitung den letzten Stand dieser Materie erfaßt und deren Anhang „Nebengesetze“ bis auf die letzte Zeit ergänzt ist.

Michaelis, Richard, **Scheckgesetz** mit allen einschlägigen Nebengesetzen, den ausländischen Gesetzen und dem Deutschen Postscheckgesetz mit Postscheckordnung. Kommentar. Groß-Oktav. VII, 339 Seiten. 1927. (Gewerbe- und Industrie-Kommentar Bd. II.) RM. 16.—, geb. RM. 18.—

„Wenn irgendein Buch, so entspricht dieses einem Bedürfnis.“ Berliner Tageblatt.

Schiffahrtsrecht

Schaps, Georg, **Das deutsche Seerecht.** Kommentar zum vierten Buche des Handelsgesetzbuches (als Ergänzung zu Staub's Kommentar nebst Erläuterungen zu den seerechtlichen Nebengesetzen. Zweite, vollständig umgearbeitete Auflage herausgegeben von Max Mittelstein † und Julius Sebba.

I. Band. (Handelsgesetzbuch: Viertes Buch.) Groß-Oktav. VIII, 1041 Seiten. 1921 . . . . RM. 25.—, geb. RM. 28.—

II. Band. (Seerechtliche Nebengesetze.) **Bearbeitet von J. Sebba.** XVI, 1108 Seiten. 1929 . . . . RM. 52.—, geb. RM. 55.—

„Die alte, auf der Staubschen Kommentierungsmethode beruhende Auflage erfreute sich mit Recht schon großen Ansehens. In diesen bewährten Bahnen leistet die zweite Auflage an Vollständigkeit, Übersichtlichkeit und Genauigkeit das Höchste, was Wissenschaft und Praxis nur wünschen können." *Juristische Wochenschrift.*

Brandis, Otto, **Das deutsche Seerecht** (mit Ausschluß des Seeversicherungsrechts.) I. Allgem. Lehren: Personen und Sachen des Seerechts. 130 Seiten. 1908. II. Die einzelnen seerechtlichen Schuldverhältnisse: Verträge des Seerechts und außervertragliche Haftung. 156 Seiten. 1908. (Sammlung Göschen Bd. 386/87.) . . . . . Geb. je RM. 1.80

Knitschky, W. E., **Die Seegesetzgebung.** Fünfte Auflage, bearbeitet von O. Rudorff. XXIV, 1024 Seiten. 1913. (Guttentagsche Sammlung Deutscher Reichsgesetze Bd. 19.) . . . . . . Vergriffen.

Sieveking, Gustav, **Das deutsche Seeversicherungsrecht.** Kommentar zum zehnten Abschnitt des vierten Buches des Handelsgesetzbuches. Lexikon-Oktav. 218 Seiten. 1912 . . . . . . RM. 5.—, geb. RM. 6.80

„Der Kommentar ruht auf einer vortrefflichen Grundlage und zeigt sich auch in seinem Inhalte dieser Grundlage durchaus würdig. Er ersetzt ein Lehrbuch und kann daher auch zur Einführung in das Seeversicherungsrecht empfohlen werden."

Leipziger Zeitschrift für deutsches Recht.

Ritter, Carl, **Das Recht der Seeversicherung.** Ein Kommentar zu den Allgemeinen Deutschen Seeversicherungsbedingungen. Groß-Oktav. 2 Bände. 1494 Seiten. 1924. (Friederichsen, de Gruyter & Co., m. b. H., Hamburg.) . . . . Geb. RM. 100.—

Allgemeine Deutsche Seeversicherungs-Bedingungen. Im Jahre 1919 herausgegeben von den deutschen Seeversicherern nach Beratung mit deutschen Handelskammern und Fachverbänden unter Vorsitz der Handelskammer Hamburg. 16.—20. Tausend. 50 Seiten. 1925. (Friederichsen, de Gruyter & Co., m. b. H., Hamburg.) . . . . RM. 2.—

General Rules of Marine. Insurance 1919 adopted by the German Underwriters. Authorind Translation by Dr. Alfred Sieveking, larger in Hamburg. 64 Seiten. 1920. (Friederichsen, de Gruyter & Co., m. b. H., Hamburg.) . . . . RM. 3.—

Materialien zu den Allgemeinen Deutschen Seeversicherungs-Bedingungen. Im Auftrag der vereinigten Handelskammern herausgegeben von Prof. Dr. E. Bruck. Groß-Oktav. 2 Bände. 678 Seiten. 1920. (Friederichsen, de Gruyter & Co., m. b. H., Hamburg.) . . . . RM. 10.—

Bene, F., **Der Begriff des Versicherungsfalles in der Seeversicherung.** (Hamburger Rechtsstudien, herausgegeben von Mitgliedern der Rechts- und Staatswissenschaftlichen Fakultät der Hamburgischen Universität, Heft 1.) Groß-Oktav. 75 Seiten. 1928. (Friederichsen, de Gruyter & Co., m. b. H., Hamburg.) . . . . RM. 4.50

Elkan, H. H., **Die Bedeutung des Interesses für die Veräußerung der versicherten Sache.** (Hamburger Rechtsstudien, herausgegeben von Mitgliedern der Rechts- und Staatswissenschaftlichen Fakultät der Hamburgischen Universität, Heft 2.) Oktav. 58 Seiten. 1928. (Friederichsen, de Gruyter & Co., m. b. H., Hamburg.) . . . . RM. 4.—

Makower, H., **Gesetze, betreffend die privatrechtlichen Verhältnisse der Binnenschiffahrt und der Flößerei.** Nach den Materialien erläutert. Sechste, vermehrte Auflage, bearbeitet von E. Loewe. Taschenformat. 458 Seiten. 1923. (Guttentagsche Sammlung Deutscher Reichsgesetze Bd. 36.) . . . . Geb. RM. 4.—

„Das vorzüglich bearbeitete Buch dürfte mit seinen klaren und verständlichen Erläuterungen für jeden, der in irgendeiner Weise mit der Binnenschiffahrt und der Flößerei zu tun hat, ein nie versagender Ratgeber sein." Schiffbau.

Sebba, Jul., **Seewasserstraßenordnung.** (Polizeiverordnung zur Regelung des Verkehrs auf den deutschen Seewasserstraßen vom 31. März 1927.) Taschenformat. 493 Seiten. 1928. (Guttentagsche Sammlung Deutscher Reichsgesetze Nr. 171.) . . . . Geb. RM. 8.50

Die vorliegende Ausgabe ist für die an dem neuen Gesetz interessierten beiden Fachgruppen, die der Nautiker und der Juristen, von gleich großer Bedeutung. Diese Verbindung zweier Kenntnisgebiete gibt dem vorliegenden Kommentar seine besondere Note und seinen großen Wert.

Genossenschaften

Parisius, Ludolf, **Crüger,** Hans, **Crecelius,** Adolf, und **Citron,** Fritz, **Reichsgesetz, betreffend die Erwerbs- und Wirtschaftsgenossenschaften.** Kommentar zum praktischen Gebrauch für Juristen und Genossenschaften. Elfte, neubearbeitete Auflage. Groß-Oktav. XV, 598 Seiten. 1928 . . . . RM. 28.—, geb. RM. 30.—

„Crüger beherrscht wie kein anderer Theorie und Praxis des Genossenschaftswesens, auch nach der wissenschaftlichen Seite hin." Juristische Wochenschrift.

Parisius, Ludolf, und **Crüger,** Hans, **Das Reichsgesetz, betreffend die Erwerbs- und Wirtschaftsgenossenschaften.** Textausgabe mit Anmerkungen und Sachregister. Zwanzigste neubearbeitete Auflage von Hans Crüger, Adolf Crecelius und Fritz Citron. Taschenformat. (Guttentagsche Sammlung Deutscher Reichsgesetze Bd. 29.) Im Druck.

„In knapper und klarer Form werden die gesetzlichen Bestimmungen abgehandelt und alles zum Verständnis unbedingt Erforderliche in den Anmerkungen beigebracht. Das Werk kann nur empfohlen werden." Ministerialblatt f. d. Preuß. innere Verwaltung.

Verschiedenes

Schreiber, Otto, **Handelsrechtliche Nebengesetze.** Taschenformat. VIII, 1002 Seiten. 1926. (Guttentagsche Sammlung Deutscher Reichsgesetze Bd. 162.) . . . . Geb. RM. 14.—

„Die Sammlung ist ein unentbehrliches Hilfsmittel für den Praktiker. Die Zusammenstellung ist sehr zuverlässig; auch das Sachregister von Kleffel verdient volle Anerkennung." Zentralblatt für Handelsrecht.

Staffel, W., **Verordnung gegen Mißbrauch wirtschaftlicher Machtstellungen** vom 2. November 1923. Kommentar. Oktav. 108 Seiten. 1927. (Guttentagsche Sammlung Deutscher Reichsgesetze Bd. 167.) Geb. RM. 3.50

„Die für das Wirtschaftsrecht so wichtige Kartellverordnung findet hier eine eingehende Kommentierung. Die Erläuterungen werden daher um so unentbehrlicher für die wirtschaftliche Praxis auf diesem Gebiete sein." Industrie- und Handelszeitung.

Lusensky, F., **Gesetz über die Handelskammern.** Taschenformat. (Guttentagsche Sammlung Preußischer Gesetze Bd. 21.)

Neue Auflage in Vorbereitung.

„Das Buch ist ein vortrefflicher Berater aller derer, die in der Handelskammerorganisation sind oder zu ihr in Beziehung stehen. Es kann warm empfohlen werden."

Zeitschrift für Polizei- und Verwaltungsbeamte.

Göppert-Seydel, Hypothekenbankgesetz vom 13. Juli 1899 (mit den Änderungen durch die Gesetze vom 14. Juli 1923, vom 26. Januar 1926 und 21. Dezember 1927). Textausgabe mit Einleitung, Anmerkungen und Sachregister. Dritte Auflage bearbeitet von Dr. **Martin Friedländer.** Taschenformat. VIII, 202 Seiten. 1929. (Guttentagsche Sammlung Deutscher Reichsgesetze Nr. 51.) . . . . RM. 5.—

Die vorliegende Auflage des bekannten „Göppert-Seydel" ist den veränderten Verhältnissen entsprechend vollkommen umgearbeitet worden; sie berücksichtigt sowohl die nach dem Kriege erfolgten Änderungen und Ergänzungen des Gesetzes und des Aufwertungsrechtes wie auch die Judikatur und das Schrifttum bis auf die letzte Zeit. Damit kommen die Vorzüge des „Göppert-Seydel" der Praxis und Wissenschaft wieder in ihrem ganzen Umfange zugute.

Bank und Börse

Koch, R., und **Schacht,** Hjalmar, **Die Reichsgesetzgebung über das Münz- und Notenbankwesen.** Textausgabe mit Anmerkungen und Sachregister. Siebente, völlig neubearbeitete Auflage. Taschenformat. XVIII, 617 Seiten. 1925. (Guttentagsche Sammlung Deutscher Reichsgesetze Bd. 26.) . . . . Geb. RM. 14.—

„Dieser Kommentar zeichnet sich durch Vollständigkeit und Reichhaltigkeit aus und bietet außerdem in der Einleitung einen vortrefflichen Überblick über die Entwicklung des deutschen Noten- und Geldwesens während der letzten Jahrzehnte."

Monatsschrift für Handelsrecht und Bankwesen.

Nußbaum, Arthur, **Bank- und Börsenrecht.** Eine Sammlung von Gesetzen und Geschäftsbedingungen. Taschenformat. XII, 622 Seiten. 1927. (Guttentagsche Sammlung Deutscher Reichsgesetze Bd. 169)

Geb. RM. 11.—

Die vorliegende Sammlung der verstreuten bank- und börsenrechtlichen Vorschriften fehlte bisher in der kaufmännischen und juristischen Bankpraxis ebenso wie im handelsrechtlichen und betriebswirtschaftlichen Unterricht. Ihr Erscheinen wurde daher vielseitig begrüßt. Die Sammlung berücksichtigt auch die dem freien Verkehr entstammenden Rechtsbildungen.

Kommentar zum Börsengesetz. Im Auftrage des Centralverbandes des Deutschen Bank- und Bankiergewerbes (E. V.) bearbeitet von H. Rehm, H. Trumpler, Heinrich Dove, Ernst Neukamp, R. Schmidt-Ernsthausen, James Breit. Mit einem Vorwort von J. Rießer. Lexikon-Oktav. VIII, 464 Seiten. 1909.

RM. 12.—, geb. RM. 13.50

„Einen so guten Kommentar zum Börsengesetz hat es noch nie gegeben. Wer sich darein vertieft, wird reiche Belehrung daraus schöpfen über das Börsenwesen im allgemeinen und über seine Rechtsübung und Rechtsprechung im besonderen."

Sächsisches Archiv für Rechtspflege.

Hemptenmacher, Th., **Börsengesetz.** Dritte Auflage von O. Meyer. Taschenformat. XXIII, 373 Seiten. 1915. (Guttentagsche Sammlung Deutscher Reichsgesetze Bd. 41.) . . . . Geb. RM. 3.50

„Das Bändchen bringt neben einem kurzen Überblick und einem vorteilhaft erweiterten Anhang das Börsengesetz nebst Ausführungs-

bestimmungen. Alles in allem schließt sich auch dieses Bändchen wieder den übrigen Textausgaben der wegen ihrer unbedingten und erschöpfenden Sachlichkeit bekannten Guttentagschen Sammlung Deutscher Reichsgesetze würdig an." *Bayrische Handelszeitung.*

Lusensky, F., Gesetz, betreffend die Pflichten der Kaufleute bei Aufbewahrung fremder Wertpapiere (Depotgesetz). Neue Auflage in Bearbeitung. (Guttentagsche Sammlung Deutscher Reichsgesetze Bd. 40.)

„Die beste Bearbeitung des sogenannten Depotgesetzes."
Zeitschrift für Aktiengesellschaften.

Frohner, G., Aktiensonderdepot und Legitimationsübertragung. (Hamburger Rechtsstudien, herausgegeben von Mitgliedern der Rechts- und Staatswissenschaftlichen Fakultät der Hamburgischen Universität, Heft 3.) Groß-Oktav. VII, 114 Seiten. 1929. (Friederichsen, de Gruyter & Co., m. b. H., Hamburg.) . . . . RM. 7.—

Schwerin, Frh. Cl. von, Recht der Wertpapiere (einschließlich Wechsel- und Scheckverkehr). Oktav. X, 234 Seiten. 1924. (Lehrbücher und Grundrisse der Rechtswissenschaft Bd. 7.) RM. 7.—, geb. RM. 8.50

„Das Buch löst seine Aufgabe, den Studierenden eine Einführung in die Materie des Wertpapierrechts zu geben, ausgezeichnet, vor allem deshalb, weil es eine gute theoretische Fundierung mit einer dem Lehrzweck entsprechenden Darstellung des praktischen Rechts und der Rechtstatsachen verbindet." *Deutsche Juristenzeitung.*

Bank-Archiv. Zeitschrift für Bank- und Börsenwesen. Unter Mitwirkung von hervorragenden Fachmännern herausgegeben von Geh. Justizrat Prof. Dr. Rießer, Berlin. Schriftleitung: Rechtsanwalt Otto Bernstein, geschäftsführendes Mitglied des Centralverbands des Deutschen Bank- und Bankiergewerbes. Quart. Jährlich 24 Nummern. XXIX. Jahrgang. 1929/30 . . . . Pro Halbjahr RM. 12.—

„Ein von sachverständigen Mitarbeitern unterstütztes Organ, das in der glücklichen Vermischung von wissenschaftlichen Aufsätzen mit Mitteilungen aus der bankmännischen und gerichtlichen Praxis einen Berater von exzeptionellem Werte bildet." *Frankfurter Zeitung.*

Zeitgemäße Bankrechtsfragen. Festgabe der Rechtsabteilung der Disconto-Gesellschaft zum 70. Geburtstage des Herrn Dr. jur. Arthur Salomonsohn. Quart. 126 Seiten. 1929 . . . RM. 8.—, geb. RM. 10.—

„Der Band enthält 8 vorzügliche Aufsätze. Die Verfasser befassen sich mit Problemen, die in der Rechtsabteilung einer Großbank oft zur Debatte stehen und deren endgültige Klärung ein praktisches Bedürfnis ist." *Wirtschaftl. Nachrichten.*

Verhandlungen des VII. allgemeinen deutschen Bankiertages. Köln 9.—11. September 1928 auf Grund stenographischer Berichte. Groß-Oktav. 436 Seiten . . . . RM. 10.—

III. Grenzgebiete des Bürgerlichen Rechts

1. Privat- und Sozialversicherung

Koenige, Heinrich, und Petersen, A., Gesetz über die privaten Versicherungsunternehmungen vom 12. Mai 1901. Textausgabe mit Anmerkungen und Sachregister. Dritte, umgearbeitete Auflage. Taschenformat. 856 Seiten. 1927. (Guttentagsche Sammlung Deutscher Reichsgesetze Bd. 62.) . . . . Geb. RM. 20.—

„Der Verfasser hat es meisterhaft verstanden, reiche Literatur und Judikatur zu dem wichtigen Grundgesetz der Privatversicherung mit seiner eigenen selbständigen Auffassung von der Bedeutung der Gesetzesbestimmungen in Verbindung zu bringen. Für Theorie und Praxis der Privatversicherung wird das Werk dadurch zu einem unentbehrlichen Hilfsmittel." *Deutsche Versicherten-Zeitung.*

Bruck, E., **Reichsgesetz über den Versicherungsvertrag** nebst dem zugehörigen Einführungsgesetz vom 30. Mai 1908. Sechste, vollkommen neubearbeitete Auflage. Taschenformat. 708 Seiten. 1929. (Guttentagsche Sammlung Deutscher Reichsgesetze Bd. 83.) Geb. RM. 14.—

„Die Vorzüge, welche die früheren Auflagen schon zeigten, die Fülle des Gebotenen, die Beherrschung des Stoffes, die anschauliche und doch knappe Sprache, und dies alles in dem engen Rahmen einer Textausgabe, kleinen Handausgabe mit Anmerkungen, sind auch dieser vierten Auflage in hohem Maße eigen."

Mitteilungen für die öffentlichen Feuerversicherungs-Anstalten.

Moldenhauer, Paul, **Das Versicherungswesen.**

I. Allgemeine Versicherungslehre. Vierte Auflage. 152 Seiten. 1925. (Sammlung Göschen Bd. 262.) . . . . Geb. RM. 1.80

II. Die einzelnen Versicherungszweige. Zweite Auflage. 130 Seiten. 1923. (Sammlung Göschen Bd. 636.) . . . . Geb. RM. 1.80

„Das Buch ist für jeden, der sich mit dem Versicherungswesen und seinen Zweigen vertraut machen will, ein trefflicher Führer."

Versicherungspost.

Veröffentlichungen des Reichs-Aufsichtsamts für Privatversicherung. Groß-Oktav. Jahrg. 1—2, je 2.50. Jahrg. 3—16, je 6.—. Jahrg. 17—21, je 7.50. Jahrg. 22, 15.—. Jahrg. 23, 18.—. Jahrg. 24, 21.—. Jahrg. 25, 50.—. Jahrg. 26, 51.50. Jahrg. 27, Heft 1—3, 28.—. Jahrg. 28, Heft 1, 6.—; 2, 13.—; 3, 9.—.

Versicherungsstatistik für 1902 über die unter Reichsaufsicht stehenden Unternehmungen. Herausgegeben vom Reichsaufsichtsamt für Privatversicherung. Lexikon-Oktav. LXXVII, 384 Seiten. 1905. RM. 10.—

— für 1903 bis 1917 . . . . Je Jahrgang RM. 10.—

Berliner, Ludwig, und **Pfaffenberger**, Ernst, **Aufwertung von Versicherungsansprüchen** mit Durchführungsbestimmungen.

I. Teil. Oktav. 235 Seiten. 1926. Mit Nachtrag. (Guttentagsche Sammlung Deutscher Reichsgesetze Bd. 164.) . . . . Geb. RM. 6.50

II. Teil: Sach- und Transportversicherung; Unfall- und Haftpflichtversicherung. Oktav. 112 Seiten. 1926. (Guttentagsche Sammlung Deutscher Reichsgesetze Bd. 164a.) . . . . Geb. RM. 3.50

„Ein bedeutsamer Kommentar, durch den die gesetzlichen Bestimmungen von der juristischen und versicherungstechnischen Seite aus eingehend erläutert werden. In seinem straffen, systematischen Aufbau, der Geschlossenheit der Darstellung muß man das Buch als ein Standardwerk für das gesamte versicherungsrechtliche Aufwertungsgebiet bezeichnen.

Ein unentbehrlicher Ratgeber in allen interessierten Kreisen."

Versicherungs-Post, Berlin.

Lippmann, Karl, **Die Reichsversicherungsordnung** in der Fassung der Bekanntmachung vom 15. Dezember 1924 und des Gesetzes über das Reichsschiedsamt vom 22. Januar 1925 nebst dem Einführungsgesetze, den wichtigsten Ausführungsvorschriften, den ergänzenden Gesetzen und Verordnungen sowie den Verordnungen über das Verfahren. Oktav. XV, 589 Seiten. 1925. (Guttentagsche Sammlung Deutscher Reichsgesetze Bd. 161.) . . . . Geb. RM. 11.—

Ergänzungsband, enthaltend den vollständigen Wortlaut der neuen Fassung des Unfallversicherungsgesetzes sowie die Ergänzungen der übrigen Bücher der RVO. Oktav. 224 Seiten. 1926. (Guttentagsche Sammlung Deutscher Reichsgesetze Bd. 161a.) . . . Geb. RM. 4.—

Zweiter Ergänzungsband, enthaltend weitere Änderungen und Ergänzungen durch die in der Zeit von Anfang 1926 bis Mitte 1928 erlassenen Gesetze und Verordnungen. Zweite, vermehrte Ausgabe, Stand vom 1. Juli 1928. Oktav. 71 Seiten. 1928. (Guttentagsche Sammlung Deutscher Reichsgesetze Bd. 161b.) . . . . . RM. —.80

Dritter Ergänzungsband, enthaltend weitere Änderungen und Ergänzungen durch die bis Mitte 1929 erlassenen Gesetze und Verordnungen. Oktav. 81 Seiten. 1929. (Guttentagsche Sammlung Deutscher Reichsgesetze Bd. 161c.) . . . . RM. 1.—

„Das Buch dürfte sich in der Bibliothek eines jeden finden, der sich mit der Reichsversicherungsordnung befaßt. Es gehört zu den praktisch wertvollsten.“ Deutsche Allgemeine Zeitung.

Reuß, Max, und **Hense**, Fritz. **Das Reichsknappschaftsgesetz** vom 1. Juli 1926 nebst Einführungsgesetz. 2. Aufl. Taschenformat. XVI, 640 Seiten. 1926. (Guttentagsche Sammlung Deutscher Reichsgesetze Bd. 155.) . . . . Geb. RM. 12.—

„Die Herausgabe des Gesetzes bedarf keiner besonderen Empfehlung. Das Buch kann allen, die auf dem Gebiete des Knappschaftswesens tätig sind, aufs wärmste empfohlen werden.“

Zeitschrift für Bergrecht.

Angestelltenversicherungsgesetz vom 28. Mai 1924. Zweite Auflage. Taschenformat. 143 Seiten. 1927. Mit Nachtrag. (Guttentagsche Sammlung Deutscher Reichsgesetze. Textausgaben ohne Anmerkungen.) Geb. RM. 2.50

Diese neue Ausgabe entspricht der neuesten Fassung des Gesetzes unter Berücksichtigung der letzten Änderungen und Verordnungen. Das beigefügte Sachregister erleichtert das rasche Zurechtfinden in den einzelnen Bestimmungen des Gesetzes.

Manes, Alfred, **Sozialversicherung.** 7., ergänzte Aufl. 1928. Kl.-Oktav. 139 Seiten. (Sammlung Göschen Bd. 267.) . . . . Geb. RM. 1.80

„Es gibt keine andere Darstellung der geltenden Sozialversicherung, die in solch erfreulicher Kürze und Sachlichkeit durch die annähernd 2400 Paragraphen führt.“

Hanseatische Rechts- und Gerichts-Zeitschrift.

Schmeißer, Herbert, **Handbuch der Arbeitslosenversicherung.** Mit einer Einführung und Erläuterungen. Taschenformat. 2. Aufl. im Druck. (Guttentagsche Sammlung Deutscher Reichsgesetze Bd. 165.)

„Das Buch gibt in kurzer, aber ausreichender Form eine Darstellung des gesamten Rechtsstoffes der Erwerbslosenfürsorge unter Anpassung an die praktischen Bedürfnisse.“ Kommunalpolitische Blätter.

2. Arbeitsrecht

Depéne, Hans, **Das Arbeitsgerichtsgesetz.** Taschenformat. 180 Seiten. 1927. (Guttentagsche Sammlung Deutscher Reichsgesetze Bd. 168.) Geb. RM. 3.60

„Zur Einarbeitung ist das vorliegende Buch besonders brauchbar, weil es sich nicht um einen Kommentar mit vielen Details handelt, sondern um eine Textausgabe mit einer ausführlichen, von einem hervorragenden Sachkenner verfaßten Einleitung. Daß die entsprechenden Bestimmungen anderer einschlägiger Gesetze gleich mit abgedruckt sind, ist ein großer Vorteil.“ Wirtschaftliche Rundschau.

Arbeitsrechtliche Spruchsammlung. Beiträge zum Deutschen Handwerksblatt . . . . Pro Quartal RM. 0.90

Günther, Adolf, und **Schneider,** Richard, **Arbeiterschutz und Arbeitsrecht.** Zweite Auflage. Taschenformat.

I. Teil: **Arbeitszeitschutz.** Das Arbeitszeitnotgesetz und die übrige arbeitszeitrechtliche Gesetzgebung des Reichs seit dem 9. November 1918. 386 Seiten. 1927 . . . . Geb. RM. 7.50

„Der Kommentar umfaßt die gesamte arbeitszeitrechtliche Gesetzgebung von der Staatsumwälzung bis zur Gegenwart. Er ist ein Führer durch das weite und unübersichtliche Gebiet der arbeitszeitrechtlichen Gesetzgebung. Ein ausführliches Sachregister soll die praktische Benutzung erleichtern.“ Die Wirtschaftsgenossenschaft.

II. Teil: Gesetz über die **Beschäftigung Schwerbeschädigter** nebst den einschlägigen gesetzlichen Bestimmungen. 404 Seiten. 1928. (Guttentagsche Sammlung Deutscher Reichsgesetze Bd. 138a/138c.) Geb. RM. 8.—

„Das Buch stellt nicht nur beim Studium des Gesetzes ein wertvolles Hilfsmittel dar, sondern ist auch für den Handgebrauch des Arbeitsrechtspraktikers unentbehrlich.“ Berliner Wohlfahrtsblatt.

IV. Teil: **Betriebsstillegungsverordnung.** 240 Seiten. 1929. (Guttentagsche Sammlung Deutscher Reichsgesetze. Bd. 138 d.) Geb. RM. 6.50

Tilly, Dr. Helmuth Tczerclas von, **Internationales Arbeitsrecht.** Unter besonderer Berücksichtigung der Internationalen Arbeitsorganisation. 120 Seiten. 1924. (Sammlung Göschen Bd. 882.) . . . . Geb. RM. 1.80

Es ist das erste Werk, das in klarer, kurzer und allen leicht verständlicher Weise das gesamte grundlegende Tatsachenmaterial — und zwar nur dieses — auf dem umfassenden Gebiete des internationalen Arbeiterschutzes von dessen ersten Anfängen bis in die neueste Zeit ***bietet.***

3. Gewerberecht

Hiller, Fr., und **Luppe,** H., **Gewerbeordnung für das Deutsche Reich nebst Kinderschutzgesetz und Hausarbeitsgesetz** sowie den für das Reich und Preußen erlassenen Ausführungsbestimmungen. Einundzwanzigste, veränderte Auflage. (143. bis 148. Tausend.) Taschenformat. 931 Seiten. 1928. Mit Nachtrag vom 11. 2. 1929. (Guttentagsche Sammlung Deutscher Reichsgesetze Bd. 6.) . . . . Geb. RM. 11.—

„Ein Wort der Empfehlung für dieses Buch zu sagen, erübrigt sich. Hervorgehoben sei, daß diese Auflage alle Vorzüge der früheren Auflagen in sich schließt. Die zahlreichen neuen Gesetze sind erschöpfend berücksichtigt.“ Zeitschrift des Deutschen Notarvereins.

Brassert, H., **Allgemeines Berggesetz** für die preußischen Staaten mit Kommentar. Zweite Auflage, bearbeitet von Hans Gottschalk. Groß-Oktav. XXIX, 1291 Seiten. 1914. RM. 27.—, geb. RM. 30.—

Sonnenfeld, Hugo, **Die reichsrechtlichen Bestimmungen, betreffend den Handel mit Drogen und Giften.** Dritte, veränderte Auflage. Taschenformat. 435 Seiten. 1926. (Guttentagsche Sammlung Deutscher Reichsgesetze Bd. 64.) . . . . Geb. RM. 12.—

„Die Arbeit gehört einem Spezialgebiet an, mit dem nicht jeder Jurist zu tun hat. Wird er einmal genötigt, sich auf dieses Gebiet zu begeben, so ist er um so dankbarer für eine Arbeit, die sofort den Eindruck größter Sachkunde und vollständiger Materialsammlung macht, und deren Führung man sich unbedenklich anvertrauen kann.“

Vossische Zeitung.

Lebbin, Georg, **Nahrungsmittelgesetze** mit Erläuterungen. Zweite, stark vermehrte Auflage in zwei Bänden.

I. Band: Das Lebensmittelgesetz vom 5. Juli 1927 mit Nebengesetzen (Margarine, Fleisch, Milch, Süßstoff, Essigsäure usw.). Erläutert von G. Lebbin und R. Gießner. Taschenformat. XVI, 419 Seiten. 1928. Geb. RM. 8.50

II. Band: Getränkegesetze und Getränkesteuergesetze (Wein, Bier, Branntwein, Mineralwasser). Unter Mitarbeit von Rechtsanwalt Dr. Kniebe. Taschenformat. XII, 400 Seiten. 1926. (Guttentagsche Sammlung Deutscher Reichsgesetze Bd. 54b.) . . . . Geb. RM. 10.—

„Das Werk ist für unsere Leser und überhaupt die ganze Fachwelt der Getränkeindustrie unentbehrlich, muß doch jedermann mit den einschlägigen Gesetzesbestimmungen sich soweit wie irgend möglich vertraut machen, wenn er nicht in Nachteile geraten will. Die Anschaffung des Buches kann bestens empfohlen werden."

Branntweinmonopol.

Voß, Werner, **Die reichs- und landesrechtlichen Bestimmungen auf dem Gebiete des Gesundheitswesens. Taschenformat** 608 Seiten. 1929. (Guttentagsche Sammlung Deutscher Reichsgesetze Bd. 172.) Geb. RM. 11.—

„Das Buch wird seiner Aufgabe, fast den gesamten Gesetzesstoff in einem einzigen kleinen Bande in die Hand zu geben, gewiß gerecht und wird sich schnell als unentbehrliches Hilfsmittel für jeden erweisen, der öfter mit dem Gesundheitswesen zu tun hat." Reichsverwaltungsblatt.

4. Geistig-gewerblicher Rechtsschutz.

Pietzcker, Eduard, **Patentgesetz und Gebrauchsmusterschutzgesetz.** Kommentar unter Berücksichtigung der vorgeschlagenen und weiter beantragten Abänderungen des Patentgesetzes. Erster Halbband: §§ 1—12 PatG. Groß-Oktav. 427 Seiten. 1929. (Gewerbe- und Industrie-Kommentar Bd. V, 1.) . . . . . RM. 26.—, geb. RM. 28.—

„Die überall zutage tretende geistige Leistung macht Pietzckers Kommentar für jeden, der sich mit diesem Rechtsgebiet zu beschäftigen hat, zum unentbehrlichen Rüstzeug."

Markenschutz und Wettbewerb.

Seligsohn, Arnold, **Patentgesetz und Gesetz, betr. den Schutz von Gebrauchsmustern.** Siebente Auflage. Oktav. 1930. In Bearbeitung.

„Die Vorzüge des Buches sind bekannt. Klare, leichtfaßliche Sprache, wissenschaftliche Vertiefung, dabei starke Betonung der Praxis, lückenlose Behandlung aller Probleme sind die Vorzüge, die den Seligsohnschen Kommentar zum unentbehrlichen Rüstzeug jedes im gewerblichen Rechtsschutz Tätigen gemacht haben."

Mitteilungen vom Verband Deutscher Patentanwälte.

Lutter, R., **Patentgesetz.** Nebst Ausführungsbestimmungen, völkerrechtlichen Verträgen und Patentanwaltsgesetz, unter eingehender Berücksichtigung der Rechtsprechung des Reichsgerichts und der Praxis des Reichspatentamts. Neunte Auflage. Taschenformat. XV, 467 Seiten. 1928. (Guttentagsche Sammlung Deutscher Reichsgesetze Bd. 22.) Geb. RM. 10.—

„Der jetzige Verfasser hat einen völlig neuen Kommentar geschaffen, der in seiner Knappheit und Sparsamkeit dem ursprünglichen Zweck gerecht wird, aber an wissenschaftlicher Durcharbeitung und Gründlichkeit die vorangegangenen Auflagen weit überragt."

Gewerblicher Rechtsschutz und Urheberrecht.

Elster, Alexander, **Urheber- und Erfinder-, Warenzeichen- und Wettbewerbsrecht.** (Gewerblicher Rechtsschutz.) Zweite, stark erweiterte und völlig umgearbeitete Auflage. Mit Abdruck der Gesetzestexte. Oktav. XII, 611 Seiten. 1928. (Lehrbücher und Grundrisse der Rechtswissenschaft Bd. VIII.) . . . . RM. 18.—, geb. RM. 19.50

„Seit Kohler und Osterrieth endlich wieder das lang entbehrte Lehrbuch. Hier unternimmt ein wahrhaft selbständiger und ideenreicher Kopf den Versuch, eine wirkliche Synthese zu schaffen."

Juristische Rundschau.

Neuberg, J., **Der internationale gewerbliche Rechtsschutz.** 2. Auflage. 128 Seiten. 1923. (Sammlung Göschen Bd. 271.) . . . Geb. RM. 1.80

Neuberg, Johannes, **Gesetz, betr. das Urheberrecht an Mustern und Modellen,** und Gesetz, betr. den Schutz von Gebrauchsmustern, nebst den zu beiden Gesetzen ergangenen Ausführungsverordnungen und abgeschlossenen internationalen Verträgen. Textausgabe mit Einleitung, Anmerkungen und Sachregister. Taschenformat. 192 Seiten. 1911. (Guttentagsche Sammlung Deutscher Reichsgesetze Bd. 102.) Geb. RM. 2.40

„Die Anmerkungen sind kurz, klar, treffend, mit Nachweisungen aus der Judikatur und aus der Literatur versehen. Sie ermöglichen auch dem mit der Materie nicht vertrauten Praktiker eine schnelle Orientierung über den Stand der Frage."

Zeitschrift für das gesamte Handelsrecht.

Daude, Paul, **Die Reichsgesetze über das Urheberrecht an Werken der Literatur und der Tonkunst und das Verlagsrecht** vom 19. Juni 1901 in der Fassung des Gesetzes vom 22. Mai 1910 zur Ausführung der revidierten Berner Übereinkunft. Oktav. VIII, 293 Seiten. 1910. RM. 6.—

„Der Zusammenhang der erläuterten Gesetze mit dem Strafgesetzbuch, dem Bürgerlichen Gesetzbuch und anderen Gesetzen ist in leichtverständlicher Weise praktisch dargestellt. Es wird vorzügliche Dienste leisten." *Deutsche Literatur-Zeitung.*

Lindemann, O., **Gesetz, betr. das Urheberrecht** an Werken der Literatur und der Tonkunst. Vierte Auflage. Taschenformat. 171 Seiten. 1921. (Guttentagsche Sammlung Deutscher Reichsgesetze Bd. 60.) Geb. RM. 1.80

„Die Arbeit ist nicht bloß eine Gesetzesausgabe, sondern ein wertvoller Kommentar des Gesetzes. Das Werk sei jedermann auf das beste empfohlen." *Juristische Wochenschrift.*

Fuld, Ludwig, **Gesetz, betr. das Urheberrecht an Werken der bildenden Künste und der Photographie.** Zweite Auflage. Taschenformat. 192 Seiten. 1925. (Guttentagsche Sammlung Deutscher Reichsgesetze Bd. 81.) . . . . Geb. RM. 6.—

„Der zwar kleine, aber inhaltreiche und daher sehr beliebte Kommentar von Fuld erscheint in zweiter, völlig neubearbeiteter Auflage. Überall ist dem Stande der heutigen Rechtsprechung und wissenschaftlichen Auffassungen Rechnung getragen. In einem Anhang sind die einschlägigen internationalen Übereinkommen abgedruckt. Alle Interessenten werden mit Freuden die neue Auflage begrüßen."

Danziger Juristische Monatsschrift.

Heinitz, Ernst, und **Marwitz,** Bruno, **Das Reichsgesetz über das Verlagsrecht.** Textausgabe mit Einleitung, Anmerkungen und Sachregister. Dritte Auflage. Taschenformat. 136 Seiten. 1922. (Guttentagsche Sammlung Deutscher Reichsgesetze Bd. 61.) . . . . Geb. RM. 1.60

„Dieser kurze Kommentar ist durch seine knappen, das Wichtige klar vortragenden Darlegungen dazu berufen, eine Lücke auszufüllen, die sich für den Praktiker des Verlagsrechts seit Jahren ergab. Man darf deshalb das Erscheinen dieser neuen Auflage aus der Feder des Spezialisten des Verlagsrechts mit größter Freude begrüßen."
Börsenblatt für den Deutschen Buchhandel.

Elster, A., **Das deutsche Urheber- und Verlagsrecht.** 128 Seiten. 1923. (Sammlung Göschen Bd. 863.) . . . . Geb. RM. 1.80

„Erstaunlich ist, wie Elster diese beiden so viel umstrittenen Gesetze auf so engem Raum in vortrefflicher Weise zur Darstellung gebracht hat." *Deutscher Journalistenspiegel.*

Heymann, E., **Die zeitliche Begrenzung des Urheberrechts.** Oktav. 74 Seiten. 1927. (Sitzungsberichte der Preußischen Akademie der Wissenschaften zu Berlin.) . . . . RM. 5.—

Elster, A., **Das deutsche Erfinderrecht.** (Patent- und Musterschutzrecht). 118 Seiten. 1924. (Sammlung Göschen Bd. 891.) . . Geb. RM. 1.80

„Die Aufgabe, einen Überblick über das deutsche Erfinderrecht zu geben, ist im Rahmen der kurzen Erörterungen mit viel Geschick gelöst. Deshalb wird das Büchlein auch bei allen Gruppen der am Patentrecht interessierten Personen seine Freunde finden."
Gewerblicher Rechtsschutz und Urheberrecht.

Seligsohn, Jul., **Geheimnis und Erfindungsbesitz.** Groß-Oktav. 147 Seiten. 1921 . . . . RM. 3.—

Reininger, G., **Der Schutz des Urheberrechts im deutschen Rundfunk.** Oktav. 88 Seiten. 1929 . . . . RM. 4.—

„Eine interessante, zeitgemäße, namentlich auch für geistige Neuschöpfer wichtige Studie." *Badische Rechtspraxis.*

Wolff, F., und **Crisolli,** K.-A., **Das Recht der Reklame.** Lexikon-Oktav. 424 Seiten. 1929 . . . . RM. 20.—, geb. RM. 22.—

Mit diesem Buch ist erstmalig eine systematische erläuternde Zusammenstellung der hauptsächlichsten Bestimmungen gegeben, die von Reklame handeln, bzw. mit Reklame in irgendeinem Zusammenhang stehen. In der Praxis macht sich das Fehlen einer solchen Bearbeitung sehr bemerkbar, da die Reklame in der Gesetzgebung kein in sich abgeschlossenes Gebiet bildet, sondern ihre gesetzlichen Grundlagen in den mannigfachen Bestimmungen des privaten und öffentlichen Rechts findet. Die Verfasser haben die einschlägige Rechtsprechung und Literatur bis in die neueste Zeit berücksichtigt.

Pinner-Elster, Gesetz gegen den unlauteren Wettbewerb. Achte, sehr vermehrte und umgestaltete Auflage. Taschenformat. 254 Seiten. 1927. (Guttentagsche Sammlung Deutscher Reichsgesetze Bd. 37.) Geb. RM. 5.—

„Das Buch ist mehr als eine bloße ‚Textausgabe mit Anmerkungen', nämlich ein richtiger Kommentar, und wird in der Praxis ausgezeichnete Dienste tun."
Senatspräsident am Reichsgericht Dr. Lobe, Leipzig, i. d. Jurist. Wochenschrift.

Wassermann, Martin, **Der unlautere Wettbewerb** nach deutschem Recht. I. Generalklausel, Reklameauswüchse, Ausverkaufswesen, Angestelltenbestechung. 160 Seiten. 1911. II. Kreditschädigung, Firmen- und Namenmißbrauch, Verrat von Geheimnissen, Ausländerschutz. 151 Seiten. 1911. (Sammlung Göschen Bd. 339 u. 535.) . . . Geb. je RM. 1.80

Born, A., **Reichspreßgesetz** vom 7. Mai 1874 nebst den einschlägigen Bestimmungen der Reichsverfassung, des Reichsstrafgesetzbuches, der Gewerbeordnung usw. Mit Kommentar und Sachregister. Dritte Auflage. Taschenformat. 176 Seiten. 1924. (Guttentagsche Sammlung Deutscher Reichsgesetze Bd. 53.) . . . . Geb. RM. 4.—

„Das Werk bringt eine sehr reichhaltige Kommentierung des Stoffes, die um so wertvoller ist, als den Entscheidungen der Wortlaut der Urteilsbegründungen beigefügt ist. Sämtliche einschlägigen Bestimmungen der das Pressewesen berührenden Gesetze sind aufgeführt, eingehend besprochen und in Beziehung zueinander gebracht worden. Als Nachschlagewerk in Zweifelsfällen wird das Buch von großem Nutzen sein." Ministerialblatt für die preußische innere Verwaltung.

Hagens, Alfred, **Warenzeichenrecht.** Kommentar. Groß-Oktav. VIII, 408 Seiten. 1927. (Gewerbe- und Industrie-Kommentar Bd. III.) RM. 22.—, geb. RM. 24.—

„Eine ausführliche Darstellung, die zeigt, daß der Verfasser das gesamte Fachschrifttum und die reichhaltige Rechtsprechung restlos beherrscht. Ich habe gefunden, daß nicht ein einziger Fall von Bedeutung fehlt." Markenschutz und Wettbewerb.

Seligsohn, Arnold, **Gesetz zum Schutz der Warenbezeichnungen.** Dritte Auflage, bearbeitet in Gemeinschaft mit Martin Seligsohn in Berlin. Groß-Oktav. IV, 416 Seiten. 1925. RM. 15.—, geb. RM. 16.50

„Der Kommentar zeigt alle Vorzüge des in der Wissenschaft und Praxis des gewerblichen Rechtsschutzes gleich ausgezeichneten Juristen: volle theoretische und praktische Beherrschung des Stoffes, klare Darstellungsgabe, sorgsame Behandlung und treffsicheres Urteil." Badische Rechtspraxis.

Freund, G. S., **Magnus**, Julius, und **Jüngel**, Friedrich, **Das deutsche Warenzeichenrecht.** Sechste, neubearbeitete Auflage. Teil I: Die internationalen Verträge. VI, 247 Seiten. Mit 4 Tafeln. 1924. (Guttentagsche Sammlung Deutscher Reichsgesetze Bd. 87a.) Geb. RM. 9.—

„Das ganze Werk mit seiner Fülle von Gesetzen, Verordnungen, Verträgen, Bekanntmachungen bildet eine Quellensammlung für das internationale deutsche Zeichenrecht, ohne die man fortan nicht mehr auskommen kann." Gewerblicher Rechtsschutz und Urheberrecht.

IV. Zivilprozeß

Fischer, Otto, **Lehrbuch des deutschen Zivilprozeß- und Konkursrechts.** Groß-Oktav. XII, 488 Seiten. 1918 . . . RM. 8.—, geb. RM. 10.—

Kisch, Wilh., **Deutsches Zivilprozeßrecht.**

I. Band. Vierte, verbesserte Auflage. 115 Seiten. 1929. (Sammlung Göschen Bd. 428.) . . . . Geb. RM. 1.80

II. Band. Vierte, verbesserte Auflage. 168 Seiten. 1929. (Sammlung Göschen Bd. 430.) . . . . Geb. RM. 1.80

III. Band. Vierte, verbesserte Auflage. 148 Seiten. 1929 (Sammlung Göschen Bd. 430.) . . . . Geb. RM. 1.80

Diese Auflage wird jedem, der sich auf gemeinverständliche Weise über unser geltendes Zivilgerichtswesen unterrichten will, gute Dienste leisten, und kann namentlich den Studierenden des Rechts als Einführung bestens empfohlen werden.

Sydow, R., **Busch**, L., und **Krantz**, W., **Zivilprozeßordnung und Gerichtsverfassungsgesetz.** Neunzehnte Auflage. Groß-Oktav. VIII, 1335 Seiten. 1926. (de Gruytersche Sammlung Deutscher Gesetze. Handkommentare.) . . . . Geb. RM. 25.—

„Der Wert des Werkes ist längst anerkannt. Es gibt wohl keinen Praktiker, der sich seiner nicht mit besonderer Vorliebe bedient. Vollständigkeit, Übersichtlichkeit, Zuverlässigkeit und Ausführlichkeit der Erläuterungen sind auch diesmal dem allgemein beliebten Buche als seine hervorstechendsten Vorzüge treugeblieben. Für die Praxis ist es unentbehrlich."

Zeitschrift des Bundes Deutscher Justizamtmänner.

Zivilprozeßordnung mit Gerichtsverfassungsgesetz und Einführungsgesetzen in der Fassung der Bekanntmachung vom 13. Mai 1924 mit den bis 1. April 1929 ergangenen Abänderungen. Textausgabe mit Sachregister. Taschenformat. 440 Seiten. 1929. (Guttentagsche Sammlung von Textausgaben ohne Anmerkungen.) . . . Geb. RM. 3.50

Die handliche Ausgabe enthält den genannten Gesetzestext mit einem das Zurechtfinden sehr erleichternden Sachregister.

Sydow, R., **Busch**, L., und **Krantz**, W., **Gerichtsverfassungsgesetz** mit Einführungsgesetz. Unter besonderer Berücksichtigung der Entscheidungen des Reichsgerichts. Zehnte Auflage. Taschenformat. 347 Seiten. 1925. (Guttentagsche Sammlung Deutscher Reichsgesetze Bd. 14.) Geb. RM. 6.—

„Das Buch bedarf keiner Empfehlung, es empfiehlt sich selbst durch die Fülle dessen, was es bietet. Gesetzgebung und Rechtsprechung sind bis in die neueste Zeit berücksichtigt."

Leipziger Zeitschrift für Deutsches Recht.

Rausnitz, Julius, **Gebührenordnung für Notare** vom 28. Oktober 1922 (GS. 404) nebst den einschlägigen Vorschriften des Preußischen Gerichtskostengesetzes vom 28. Oktober 1922 (GS. 363), beide in der Fassung der Gesetze vom 12. April 1923 (GS. 107), 18. Dezember 1923 (GS. 556) und der Verordnung vom 28. Juni 1924 (GS. 573). Sechste, umgearbeitete Auflage. Oktav. 158 Seiten. 1925. (Guttentagsche Sammlung Preußischer Gesetze Bd. 4.) . . . . Geb. RM. 7.—

„Der in seiner äußeren Form sehr handlich und gut ausgestaltete Kommentar kann nur auf das wärmste empfohlen werden. Er wird sehr bald ein unentbehrlicher, weil nie versagender Ratgeber werden, der die Berufsarbeit sehr erleichtern wird." Juristische Wochenschrift.

Sydow, R., **Busch**, L., und **Krieg**, O., **Die Deutsche Gebührenordnung für Rechtsanwälte**, das Gesetz, betreffend die Erstattung von Rechtsanwaltsgebühren in Armensachen, und die Preußische Landesgebührenordnung mit Erläuterungen. Auf der Grundlage der Sydow-Busch'schen Textausgabe mit Anmerkungen in dreizehnter Auflage unter Mitaufnahme des Gesetzes über die Erstattung in Armensachen neubearbeitet. Taschenformat 496 Seiten. 1929. (Guttentagsche Sammlung Deutscher Reichsgesetze Bd. 17.) . . . . Geb. RM. 9.—

„Die Erläuterung der Gebührenordnung bietet besonders Wertvolles. Sie steht schon lange unter den Anmerkungsausgaben mit an erster Stelle. Und das mit Recht."

Zeitschrift des Bundes Deutscher Justizamtmänner.

Sydow, R., **Busch,** L., und **Krieg,** O., **Deutsches Gerichtskostengesetz nebst Gebührenordnung** für Gerichtsvollzieher und für **Zeugen** und Sachverständige in den neuesten Fassungen. Auf der Grundlage der Sydow-Busch'schen Textausgabe mit Anmerkungen neubearbeitet in elfter Auflage. Taschenformat. XI, 433 Seiten. 1928. (Guttentagsche Sammlung Deutscher Reichsgesetze Bd. 15.) . . . . Geb. RM. 7.50

„Die neue Auflage bietet unter gründlicher Berücksichtigung der gesamten einschlägigen Rechtsprechung eine zeitgemäße, übersichtliche und erschöpfende Erläuterung des Gesetzes. Für den täglichen Gebrauch in der Praxis erscheint diese Textausgabe mit Anmerkungen als unentbehrlich."

Dr. Natter in der „Württembergischen Zeitschrift für Rechtspflege".

Lindemann, Otto, **Preußisches Gerichtskostengesetz** (neueste Fassung). Nach dem Tode des früheren Herausgebers P. Siméon erläutert. Achte, völlig umgearbeitete Auflage. Taschenformat. 439 Seiten. 1928. (Guttentagsche Sammlung Preußischer Gesetze Bd. 17.)

Geb. RM. 8.—

„Die achte Auflage dieser bekannten Ausgabe des Preußischen Gerichtskostengesetzes ist entsprechend den bedeutsamen Änderungen der letzten Jahre völlig umgearbeitet. Die gesamte Rechtsprechung wurde eingehend berücksichtigt, so daß hier eine Erläuterung vorliegt, die Zuverlässigkeit und Vollständigkeit in sich verbindet."

Mitteilungen des Preußischen Richtervereins.

Freiwillige Gerichtsbarkeit

Jastrow, Hermann, und **Günther,** Hermann, **Die Gesetze des Reiches und Preußens über die freiwillige Gerichtsbarkeit.** Textausgabe mit Einleitung, Anmerkungen und Sachregister. Siebente, vermehrte Auflage. Taschenformat. 548 Seiten. 1928. (Guttentagsche Sammlung Deutscher Reichsgesetze Bd. 46.) . . . . Geb. RM. 9.—

„Die Anmerkungen unterrichten in zuverlässiger Weise über die wichtigste Rechtsprechung des Reichsgerichts und der deutschen Oberlandesgerichte auf dem Gebiete der freiwilligen Gerichtsbarkeit. Ein ausführliches Sachregister erhöht die Brauchbarkeit des bewährten Buches, das auch in der neuen Auflage seinen Zweck auf das beste erfüllen wird." *Juristische Wochenschrift.*

Die Gesetze des Reiches und Preußens über die freiwillige Gerichtsbarkeit. Textausgabe mit Sachregister. Taschenformat. 168 Seiten. 1930. (Guttentagsche Sammlung von Textausgaben ohne Anmerkungen mit Sachregister.) . . . . RM. 3.—

Das Buch enthält in der bekannten Art der Guttentagschen Gesetzesausgaben außer dem „Gesetz über die Angelegenheiten der freiwilligen Gerichtsbarkeit" alle in dieses Gebiet fallenden sonstigen Gesetze, Ausführungsbestimmungen, Abkommen, Verordnungen usw. in absolut zuverlässigem Abdruck und ein das Zurechtfinden sehr erleichterndes Sachregister.

Szkolny, Felix, und **Kober,** Leopold, **Das Notariatsrecht,** unter besonderer Berücksichtigung des materiellen Rechts und des Steuer- und Stempelrechts erläutert. Oktav. 236 Seiten. 1926. (Guttentagsche Sammlung Deutscher Reichsgesetze Bd. 163.) . . . . Geb. RM. 8.50

„Die Darlegung des materiellen Rechts, soweit es in der täglichen Anwendung den Notar hauptsächlich beschäftigt. Es wird die Beurkundung einzelner Rechtsgeschäfte und anderer Rechtsvorgänge behandelt. Die Ausführungen verwerten die neueste Lehre und Rechtsprechung eingehend, die Darstellung ist leicht faßlich und klar, einzelne Muster vervollkommnen das anschauliche Bild."

Zeitschrift des Deutschen Notarvereins.

Szkolny, Felix, **Die Belehrungspflicht des Notars.** Oktav. 52 Seiten. 1927. . . . . RM. 2.—

„Ein trotz seines geringen Umfanges sehr nützliches Buch, für das wir dem Verfasser Dank wissen müssen. Es ist zu begrüßen, daß die Beschäftigung mit dem Notariatsrecht zunimmt, und es besteht die Hoffnung, daß dies eine günstige Einwirkung auf die Handhabung des Notariats nicht verfehlen wird."

Zeitschrift des Deutschen Notarvereins.

Konkursordnung und Zwangsvollstreckung

Jaeger, Ernst, **Kommentar zur Konkursordnung** und den Einführungsgesetzen. Mit einem Anhang, enthaltend das Anfechtungsgesetz, die Vergleichsordnung, Auszüge aus den Kostengesetzen, Ausführungsgesetze und Geschäftsordnungen. Sechste und siebente, neubearbeitete Auflage. Groß-Oktav. Der Umfang des Gesamtwerkes umfaßt etwa 100 Bogen. Die Ausgabe erfolgt in Lieferungen.

Gesamtpreis etwa RM. 80.—

Erster Band. Erste Lieferung (§§ 1—16). 296 Seiten. 1928. RM. 16.—

Erster Band. Zweite Lieferung (§§ 17—27). Seite 297—472. 1929. RM. 10.—

Erster Band. Dritte Lieferung. Im Druck.

„Das Jaegersche Werk ist ohne Zweifel der beste von den mehreren guten Kommentaren zur Konkursordnung, die wir besitzen."

Zeitschrift für Deutschen Zivilprozeß.

Sydow, R., **Busch,** L., und **Krieg,** O., **Konkursordnung** und Anfechtungsgesetz mit Erläuterungen. Auf der Grundlage der Sydow-Buschschen Textausgabe mit Anmerkungen in fünfzehnter Auflage unter Mitaufnahme der Vergleichsordnung neubearbeitet. Taschenformat. 816 Seiten. 1929. (Guttentagsche Sammlung Deutscher Reichsgesetze Nr. 13.) . . . . Geb. RM. 12.—

„Die Erläuterungsbücher von Sydow-Busch sind als Kommentare mittleren Umfanges seit vielen Jahren in der Juristenwelt rühmlichst bekannt." *Juristische Rundschau.*

Fischer, K., und **Schäfer,** L., **Die Gesetzgebung, betr. die Zwangsvollstreckung in das unbewegliche Vermögen** im Reiche und in Preußen. Bearbeitet von J. Krech und O. Fischer. Zweite Auflage. Lexikon-Oktav. XVI, 728 Seiten. 1910 . . . RM. 15.—, geb. RM. 18.—

„Unter den zahlreichen Bearbeitungen des Zwangsvollstreckungsgesetzes ist der Kommentar von Fischer und Schäfer wohl der wissenschaftlich bedeutendste. Überall sind die Erläuterungen systematisch, manchmal geradezu lehrbuchartig aufgebaut, die leitenden Gedanken treten trotz der Fülle der behandelten Einzelfragen klar und deutlich hervor."

Zeitschrift für Rechtspflege in Bayern.

Krech, J., und **Fischer,** O., **Die Gesetzgebung, betr. die Zwangsvollstreckung in das unbewegliche Vermögen** im Reiche und in Preußen. Textausgabe mit Einleitung, Anmerkungen und Sachregister. Zehnte Auflage, bearbeitet von O. Fischer. Taschenformat. 266 Seiten. 1929. (Guttentagsche Sammlung Deutscher Reichsgesetze Bd. 43.)

Geb. RM. 5.—

„Einer besonderen Empfehlung dieser handlichen Ausgabe, deren Hauptteil das Gesetz über die Zwangsversteigerung und Zwangsverwaltung bildet, bedarf es nicht. Gesetzgebung, Rechtsprechung und Rechtslehre sind bis zur Gegenwart berücksichtigt."

Sächsisches Archiv für Rechtspflege.

Samter, M. K., **Handbuch zum Verfahren der Zwangsversteigerung und Zwangsverwaltung** nach dem Reichsgesetz vom 24. März 1897 (Fassung vom 20. Mai 1898). Zweite Auflage, vermehrt durch einen Nachtrag und ein Selbstexaminatorium. VIII, 400 Seiten. 1912. RM. 5.—

Im ersten Teil dieses Handbuches sind, seinem Einführungszweck entsprechend, die allgemeinen und materiellrechtlichen Grundlagen des Verfahrens kurz dargestellt, deren Aneignung jüngeren Juristen besonders schwer fällt. Im zweiten Teil ist das Verfahren in organischer Plastik zur Darstellung gelangt, um auch älteren Juristen, in strepitu fori, eine leichte und doch voll ausreichende Übersicht der in Betracht kommenden Vorschriften und Rechtsgrundsätze zu gewähren.

Kretzschmar, F., **Die Zwangsversteigerung und die Zwangsverwaltung.** 110 Seiten. 1911. (Sammlung Göschen Bd. 523.) . . Geb. RM. 1.80

V. Strafrecht und Strafprozeß

Strafgesetzbuch

Ebermayer, Ludwig, **Lobe,** Adolf und **Rosenberg,** Werner, **Das Reichsstrafgesetzbuch,** Leipziger Kommentar mit besonderer Berücksichtigung der Rechtsprechung des Reichsgerichts. Vierte, vermehrte und verbesserte Auflage. Lexikon-Oktav. X, 1282 Seiten. 1929. RM. 56.—, in Halbleder geb. RM. 63.—

„Zusammenfassend wird man sagen müssen, daß der Kommentar nun wohl endgültig an die Spitze der großen Kommentare zum StGB. getreten ist.“ Zeitschrift für Rechtspflege in Bayern.

Kohlrausch, Eduard, **Strafgesetzbuch für das Deutsche Reich mit Nebengesetzen.** Textausgabe mit Anmerkungen und Sachregister. Früher von Dr. Fr. v. Liszt u. Dr. E. Delaquis. Neunundzwanzigste Auflage. Taschenformat. X, 562, *48 Seiten. 1930. (Guttentagsche Sammlung Deutscher Reichsgesetze Bd. 2.) . . . Geb. RM. 8.—

„Ein Buch, an Hand dessen eine schnelle und zuverlässige Orientierung über die wichtigsten Auslegungsfragen möglich ist. Es dient in gleicher Weise dem Studierenden zur Einführung in eine Lektüre des Gesetzes wie dem Praktiker zur schnellen Auffindung einer Entscheidung.“

Rechtsanwalt Dr. Max Alsberg in der „Juristischen Wochenschrift“.

Liszt, Fr. v., **Lehrbuch des deutschen Strafrechts.** Fünfundzwanzigste, vollkommen durchgearbeitete und zum Teil umgestaltete Auflage, besorgt von Dr. E. Schmidt, Professor an der Universität Breslau. Groß-Oktav. XXXIV, 976 Seiten. 1927. RM. 27.50, geb. RM. 30.—

„Das Lisztsche Lehrbuch wird auch in dieser neuen Bearbeitung seinen ersten Platz und seinen Weltruf sich bewahren.“

Zeitschrift des Deutschen Notarvereins.

Gerland, H. B., **Das deutsche Reichsstrafrecht.** Oktav. 600 Seiten. 1922. (Lehrbücher und Grundrisse der Rechtswissenschaft Bd. XVI.) RM. 10.—, geb. RM. 11.50

„Durch knappe, geradezu klassische Kürze zeigende Darstellung gelang es Gerland auf engem Raume eine ungeheure Fülle des Stoffes zu bieten und auf jede Frage Antwort zu geben.“

Juristische Wochenschrift.

Gerland, H., **Der Entwurf 1925.** Allgemeiner Teil. Kritische Bemerkungen. Oktav. 96 Seiten. 1925 . . . . RM. 5.—

„Eine außerordentlich interessante Abhandlung. Die Schrift stellt ein fast unentbehrliches Hilfsmittel für jeden dar, der sich mit den einschlägigen Fragen zu beschäftigen hat."

Mitteilungen des Preußischen Richtervereins.

Aschrott, P. F. u. **Kohlrausch**, Ed., **Reform des Strafrechts.** Kritische Besprechung des Amtlichen Entwurfs eines Allgemeinen Deutschen Strafgesetzbuchs. Auf Veranlassung der Deutschen Landesgruppe der Internationalen Kriminalistischen Vereinigung unter Mitwirkung erster Fachgenossen herausgegeben. Gr.-Oktav. V, 415 S. 1926. RM. 18.—

„Die gestellte Aufgabe ist glänzend gelöst. Kaum ein Punkt ist übersehen worden, der die Kritik herausfordert. — Niemand, der an der endgültigen Gestaltung unseres Strafrechts Anteil nimmt, darf an dieser Sammelkritik achtlos vorübergehen."

Geh. Hofrat Prof. Dr. v. Lilienthal in der „Deutschen Juristen-Zeitung".

Zeitschrift für die gesamte Strafrechtswissenschaft. Gegründet von **Fr. von Liszt** und **A. Dochow.** Unter ständiger Mitarbeiterschaft hervorragender Fachmänner herausgegeben von Dr. K. von Lilienthal, Professor in Heidelberg, Dr. Ed. Kohlrausch, Professor in Berlin, und Dr. W. Gleispach, Professor in Wien. Der Jahrgang besteht aus 8—9 Heften. Quart.

Bd. 1—43. 1881—1922. Je RM. 15.—. Bd. 44. 1922. RM. 25.—. Bd. 45. 1924. RM. 21.—. Bd. 46—49. 1925—1929. Je RM. 30.—.

Sammlung außerdeutscher Strafgesetzbücher in deutscher Übersetzung. Herausgegeben von den Schriftleitungen der Zeitschrift für die ges. Strafrechtswissenschaft u. d. Mitteilungen der Internationalen Kriminalistischen Vereinigung. Nr. 1—43. 1881—1914 . . Preise auf Anfrage.

Nr. 44:

Japanische Strafgesetze. I. Schwurgerichtsordnung vom 18. April 1923 und strafrechtliche Nebengesetze. Übersetzt von Hyoichiro Kusano, Reichsgerichtsrat in Tokio, Tadao Sugiura, Oberlandesgerichtsrat in Sapporo, und Dr. jur. Fritz Bartelt in Berlin. II. Strafvollzugsgesetz vom 28. März 1908 nebst Ausführungsverordnung vom 16. Juni 1908. Übersetzt von Dr. jur. Toshita Tokiwa, Gerichtsassessor in Tokio, und Dr. jur. Werner Gentz, Justizrat beim Strafvollzugsamt in Kiel. Oktav. 55 Seiten. 1927. RM. 3.—

Nr. 45:

Die Auslieferungsgesetze Norwegens, Schwedens und Finnlands. Mit einer systematischen Darstellung der Grundzüge des nordischen Auslieferungsrechts im Hinblick auf den Erlaß eines deutschen Auslieferungsgesetzes Von Dr. jur. Ernst Wolgast, Privatdozent in Königsberg i. Pr. Groß-Oktav. VIII, 487 Seiten. 1928. . . RM. 20.—

Nr. 46:

Das Türkische Strafgesetzbuch vom 1. März 1926. Gesetz Nr. 765. (Türkisches Gesetzblatt Nr. 320 vom 13. März 1926.) Das Ausführungsgesetz zum Türkischen Strafgesetzbuch vom 26. April 1926. Deutsche Übersetzung von Dr. K. Ziemke. Oktav. 138 S. 1927. RM. 5.—

Nr. 47:

Entwurf eines griechischen Strafgesetzbuches. Übersetzt und eingeleitet von Demetrius G. Venturas, Rechtsanwalt in Korfu, Griechenland. Oktav. 123 Seiten. 1928 . . . . RM. 7.—

Nr. 48:

Italienischer Vorentwurf zu einem neuen Strafgesetzbuch. (Progetto di un nuovo codice penale.) In deutscher Übersetzung von Dr. K. Bunge, Landgerichtsrat in Berlin. Oktav. XXXII, 244 Seiten. 1928. RM. 10.—

Nebengesetze

Lindemann, Otto, **Sammlung der wichtigsten preußischen Strafgesetze.** Zweite Auflage. Taschenformat. 372 Seiten. 1912. (Guttentagsche Sammlung Preußischer Gesetze Bd. 34.) . . . . . Geb. RM. 3.50

„Die durch mehrere wichtige Gesetze erweiterte zweite Auflage dieses unentbehrlichen Ergänzungsbandes zu den in Einzelausgaben erschienenen Preußischen Gesetzen ist durch die Wiedergabe der noch geltenden vereinzelten alten Strafvorschriften nebst trefflich unterrichtenden Vorbemerkungen und Erläuterungen besonders wertvoll. Nur mittels einer solchen ausgezeichneten Sammlung ist es möglich, auch die zerstreuten Gebiete des Strafrechts völlig zu beherrschen." Deutsche Juristen-Zeitung.

Fraustädter, Werner, **Deutsches Auslieferungsgesetz** vom 23. Dezember 1929 und andere neuere Vorschriften der Rechtshilfe in Strafsachen, einschließlich der Auslieferung. Textausgabe mit Einleitung, Erläuterungen und Sachregister. Etwa 150 Seiten. 1930. (Guttentagsche Sammlung Deutscher Reichsgesetze Bd. 86.) . . . . Geb. RM. 4.—

Das Auslieferungsgesetz hat durch die Neufassung vom 25. 12. 1929 eine starke Umgestaltung erfahren, die zur Hearusgabe der vorliegenden Neubearbeitung geführt hat. Diese enthält eine ausführliche Erläuterung der neuen Bestimmungen sowie einen Abdruck der wichtigsten Verträge und Vorschriften und ermöglicht einen vollständigen Überblick über den gegenwärtigen Stand des deutschen Auslieferungsrechtes.

Kirchner, Rudolf, **Gesetz über den Verkehr mit Kraftfahrzeugen.** Vierte Auflage. (Guttentagsche Sammlung Deutscher Reichsgesetze Bd. 92.) In Vorbereitung.

„Ein sehr wertvolles Hilfsmittel für Anwendung und Auslegung des wichtigen Gesetzes." Leipziger Zeitschrift für deutsches Recht.

Lindemann, Otto, **Polizeiverordnungen in Preußen.** Zweite Auflage. Taschenformat. 189 Seiten. 1912. (Guttentagsche Sammlung Preußischer Gesetze Bd. 36.) . . . . Geb. RM. 2.50

Abhandlungen des Kriminalistischen Instituts an der Universität Berlin. Herausgegeben von Dr. **Franz von Liszt,** o. Professor der Rechte. Sonderverzeichnis kostenlos. Vierte Folge. I. Band.

Heft 1:

Dannenberg, Herbert, **Liberalismus und Strafrecht im 19. Jahrhundert unter Zugrundelegung der Lehren Karl Georg von Waechters.** Oktav. IV, 66 Seiten. 1925 . . . . RM. 3.—

Heft 2:

Tarnowski, Dr. Hans, **Die systematische Bedeutung der adäquaten Kausalitätstheorie für den Aufbau des Verbrechensbegriffs.** Oxtav. X, 340 Seiten. 1927 . . . . RM. 18.—

Heindl, Robert, **System und Praxis der Daktyloskopie** und der sonstigen technischen Methoden der Kriminalpolizei. Dritte, neubearbeitete und vermehrte Auflage. 900 Abbildungen im Text und 21 Bildertafeln. 780 Seiten. Groß-Oktav. 1927 . . . . . RM. 36, geb. RM. 40.—

„Ein Werk, mit dem wohl für geraume Zeit die Literatur dieses Gebiets ihren krönenden Abschluß gefunden haben dürfte. — Es darf erwartet werden, daß jeder Richter, Rechtsanwalt und Verteidiger sich dieses vorzüglichen Werkes bedient." Deutsche Juristenzeitung.

Kleine kriminalistische Bücherei.

Band 1:

Schneickert, Hans, **Die strafrechtlichen Aufgaben der Polizei.** Für den Polizeiunterricht und die Polizeipraxis. Taschenformat. 182 Seiten. 1921. RM. 2.—

Band 2:

Philipp, Lothar, **Beobachtungs- und Ermittlungspraxis im Polizei- und Detektivdienst.** Taschenformat. 180 Seiten. 1923 . . . RM. 2.—

„Alles in allem: ein Buch, für den Fachmann lesenswert, für den Anfänger ein guter Leitfaden, für den Laien interessant."
Zeitschrift für gerichtliche Schriftvergleichung.

Band 3:

Manteuffel, H. v., **Falschspieler.** Formen und Technik des Spielbetruges, nebst einem Anhange: Der Spielprofessor und sein angeblich sicheres System beim Spiele gegen eine öffentliche Roulettebank. Taschenformat 90 Seiten. 1923 . . . . RM. 2.—

Gerade heutzutage, wo die Spielleidenschaft so weite Kreise zieht, ist es von besonderem Reiz, diese klare, flüssige und lehrreiche Darstellung zu verfolgen.

Band 4:

Schneickert, Hans, **Kriminalistische Spurensicherung.** Sammlung dienstlicher Anweisungen und sachverständiger Ratschläge für den Dienstgebrauch und für Polizeischulen. Zweite, vermehrte und verbesserte Auflage. Taschenformat. 96 Seiten. Mit 2 Abbildungen. 1925. Geb. RM. 3.—

„Alle Einzelheiten werden hervorgehoben und als möglicherweise wichtige Beweismomente in einem vielarmigen System zusammengefaßt. In der Durchführung seiner Aufgabe hat der Verfasser tatsächlich alles berücksichtigt, was für das Beweisverfahren von Bedeutung ist und sein könnte." *Archiv für Kriminologie.*

Band 5:

Rehfeld, P., **Gerichtsärztliche Tatbestandsfeststellungen** im Dienste der Polizei. Ein Leitfaden für Polizei- und Kriminalbeamte. Taschenformat. 133 Seiten. 1927 . . . . Geb. RM. 3.50

„Die Bearbeitung gibt eine geschlossene, einheitliche Behandlung des Stoffgebietes durch einen Arzt, wie sie anderweitig in der kriminalistischen Literatur nicht vorhanden ist." *Deutsches Polizeiarchiv.*

Strafprozeßordnung

Kohlrausch, Eduard, **Strafprozeßordnung** und Gerichtsverfassungsgesetz mit Nebengesetzen. Einundzwanzigste Auflage. Taschenformat. XI, 526 Seiten. 1927. (Guttentagsche Sammlung Deutscher Reichsgesetze Bd. 12.) . . . . Geb. RM. 7.50

„Das Buch ist nicht nur für den Praktiker, der sich rasch unterrichten will, sondern auch für den Studierenden, zumal wenn ihm die wirtschaftlichen Verhältnisse die Anschaffung umfangreicher Kommentare nicht ermöglichen, von größtem Wert."
Oberreichsanwalt Dr. Ebermayer in der „Juristischen Wochenschrift".

Feisenberger, Albert, **Strafprozeßordnung und Gerichtsverfassungsgesetz.** Handkommentar. Groß-Oktav. IX, 517 Seiten. 1926. Mit Nachtrag. 1927. (de Gruytersche Sammlung Deutscher Gesetze. Handkommentare.) . . . . Geb. RM. 17.—

„Der vorliegende Handkommentar ist eine glänzende Arbeit, die bald in der Hand jedes Strafrichters und Rechtsanwalts sein wird. Er hält die Mitte zwischen Textausgabe und den umfangreichen Kommentaren. Geradezu vorbildlich ist er für den Umfang der Heranziehung der Rechtsprechung. Alles Wesentliche ist berücksichtigt."
Danziger Juristische Monatsschrift.

VI. Öffentliches Recht.

1. Staats- und Völkerrecht.

Fischbach, O. G., **Allgemeine Staatslehre.** Zweite Auflage. 136 Seiten. 1928. (Sammlung Göschen Bd. 358.) . . . . . Geb. RM. 1.80

„Das Buch darf einer breiten Öffentlichkeit als ausgezeichnete Einführung, den Fachgenossen aber, jung und alt, als Musterbeispiel wissenschaftlichen Bemühens um die denkbar beste Leistung anempfohlen werden, wie man ihm heute nicht allzu häufig mehr begegnet." Reichsverwaltungsblatt.

Fischbach, O. G., **Allgemeines Staatsrecht.**
I. Teil. 139 Seiten. 1923. (Sammlung Göschen, Bd. 415.) Geb. RM. 1.80
II. Teil. 151 Seiten. 1923. (Sammlung Göschen Bd. 416.) Geb. RM. 1.80

Diese Bearbeitung bringt nicht bloß einen leicht faßlichen gemeinverständlichen Überblick über alle Zweige des Staatsrechtes, sondern auch in den einzelnen Partien viele gründliche wissenschaftliche Erörterungen der einschlagenden Probleme und kritischen Beleuchtung der verschiedenen Rechtsansichten.

Stier-Somlo, Fritz, **Deutsches Reichs- und Landesstaatsrecht I.** Oktav. XVI, 726 Seiten. 1924. (Lehrbücher und Grundrisse der Rechtswissenschaft Bd. XVIII.) . . . . RM. 16.50, geb. RM. 18.—

„. . . Von den zurzeit vorhandenen größeren Lehrbüchern des Reichsstaatsrechts das geeignetste." Juristische Wochenschrift.

Stier-Somlo, Fritz, **Reichsstaatsrecht.** I. Grundbegriffe des Staatsrechts. Verfassungsgeschichte vom Ende des 18. Jahrhunderts bis zur Reichsverfassung vom 11. August 1919. 108 Seiten. 1927. (Sammlung Göschen Bd. 967.) . . . . Geb. RM. 1.80
II. Das geltende Reichsstaatsrecht. 114 Seiten. 1927. (Sammlung Göschen Bd. 968.) . . . . Geb. RM. 1.80

Stier-Somlo, Fritz, **Preußisches Staatsrecht.** Zweite Auflage. 136 Seiten. 1927. (Sammlung Göschen Bd. 298.) . . . . Geb. RM. 1.80

„Die drei schmalen Bändchen werden nicht allein als wünschenswertes Orientierungsmittel für den Laien und den angehenden Juristen zu begrüßen sein, sondern auch dem im praktischen Berufsleben stehenden Juristen Anregung und Belehrung bieten." Juristische Wochenschrift.

Arndt, Adolf, **Die Verfassung des Deutschen Reiches.** Dritte Auflage. Taschenformat. 1927. (Guttentagsche Sammlung Deutscher Reichsgesetze Bd. 137.) . . . . RM. 8.—

„Für alle, die sich auf dem schwierigen Gebiet der Reichverfassung orientieren wollen, liegt hier ein vorzügliches Nachschlagewerk von gediegener Wissenschaftlichkeit vor." Staats- und Selbstverwaltung.

Stier-Somlo, Fritz, **Kommentar zur Verfassung des Freistaates Preußen.** Groß-Oktav. 319 Seiten. 1921 . . . . Geb. RM. 3.—

„Die Darstellung ist flüssig und knapp und ist als treffliche Orientierung über das neue Verfassungswerk, eine Orientierung, die ihre notwendige Ergänzung in dem vorzüglichen Kommentar Stier-Somlos findet, sehr zu empfehlen." Zeitschrift für öffentliches Recht.

Arndt, Adolf, **Die Verfassung des Freistaats Preußen** vom 30. November 1920. Mit Einleitung, vollständigem Kommentar, Landeswahlgesetz und Sachregister. Taschenformat. 158 Seiten. 1921. (Guttentagsche Sammlung Preußischer Gesetze Bd. 1.) Geb. RM. 2.—

„Die Einleitung ist eine vortreffliche staatsrechtliche Abhandlung, die unter Berücksichtigung und Verwertung der einschlägigen Literatur in die Entstehungsgeschichte und in die Bedeutung der Verfassungsurkunde einführt. Der Kommentar wird denjenigen, die sich mit den einzelnen Bestimmungen der Verfassung vertraut machen wollen, ein willkommener Ratgeber sein."

Zeitschrift für Polizei- und Verwaltungsbeamte.

Veröffentlichungen der Vereinigung deutscher Staatsrechtslehrer.

Heft 1: Der deutsche Föderalismus. Oktav. 1924 . . . RM. 5.—

Heft 2: Der Schutz des öffentlichen Rechts. Oktav. 1925. RM. 12.—

Heft 3: Die Gleichheit vor dem Gesetz. Der Einfluß des Steuerrechts auf die Begriffsbildung des öffentlichen Rechts. Oktav. 1927. RM. 7.—

Heft 4: Das Recht der freien Meinungsäußerung. — Der Begriff des Gesetzes in der Reichsverfassung. Oktav. 1928 . . . . . . RM. 10.—

Heft 5: Wesen und Entwicklung der Staatsgerichtsbarkeit. — Überprüfung von Verwaltungsakten durch die ordentlichen Gerichte. Oktav. 1929 . . . . RM. 12.—

Heft 6: Bundesstaatliche und gliedstaatliche Rechtsordnung. Verwaltungsrecht der öffentlichen Anstalt. Berichte von Fritz Fleiner, Josef Lukas, Lutz Richter und Arnold Köttgen. Verhandlungen der Tagung der deutschen Staatsrechtslehrer zu Frankfurt a. M. am 25. und 26. April 1929. Mit einem Auszug aus der Aussprache. Oktav. IV, 166 Seiten. 1929 . . . . RM. 9.—

Sehling, Emil, **Kirchenrecht.** Zweite Auflage.

I. Teil. Einleitung. Quellen, Verfassung und Verwaltung der katholischen Kirche. Anhang: Die griechisch-orthodoxe Kirche. 119 Seiten. 1922. (Sammlung Göschen Bd. 377.) . . . . Geb. RM. 1.80

II. Teil: Das evangelische Kirchenrecht. Die Stellung des Staates zur Kirche und das Verhältnis der Religionsgesellschaften zueinander. 87 Seiten. 1927. (Sammlung Göschen Bd. 954.) . . . Geb. RM. 1.80

Edler v. Hoffmann, H., **Deutsches Kolonialrecht.** 150 Seiten. 1907. (Sammlung Göschen Bd. 318.) . . . . Geb. RM. 1.80

Reier, Otto, **Sozialisierungsgesetze.** Taschenformat. 214 Seiten. 1920. (Guttentagsche Sammlung Deutscher Reichsgesetze Bd. 141.) Geb. RM. 2.20

„Das Werk stellt die erste zusammenfassende kommentarische Darstellung der Sozialisierungsgesetzgebung dar und ist für alle Interessenten unentbehrlich." Zentralblatt der Reichsversicherung.

Delius, H., **Die Beamtenhaftpflichtgesetze** des Reiches und der Länder. Vierte, vermehrte und vollkommen neubearbeitete Auflage. Taschenformat. 384 Seiten. 1929. (Guttentagsche Sammlung Deutscher Reichsgesetze Bd. 94.) . . . . Geb. RM. 10.—

Hohenstein, Adolf, und **Goldbaum,** Wenzel, **Reichsschädengesetze.** Textausgabe mit Anmerkungen. Oktav. 360 Seiten. 1922. (Guttentagsche Sammlung Deutscher Reichsgesetze Bd. 150.) . . . Geb. RM. 4.—

„Im ganzen ist das vorliegende Werk nicht nur ein wertvolles Hilfsmittel für den Fachmann, sondern ist besonders jedem Geschädigten zu empfehlen, der sich über seine Ansprüche orientieren will."

Auslandswarte.

Wörterbuch des Völkerrechts und der Diplomatie. Begonnen von Professor Dr. Julius **Hatscheck** †. Fortgesetzt und herausgegeben von Dr. Karl **Strupp,** Professor an der Universität Frankfurt a. M., Associé de l'institut de droit international, membre de l'Academie Diplomatique Internationale. Lexikon-Oktav.
Band I: Aachen—Lynchfall. VI, 860 Seiten. 1924.
RM. 35.—, in Halbleder geb. RM. 40.—
Band II: Maas—Utschiali. 779 Seiten. 1925.
RM. 35.—, in Halbleder geb. RM. 40.—
Band III (Schluß): Vasallenstaaten—Zwangsverschickung. Ferner Anhang: Abessinien—Weltgerichtshof; Sachverzeichnis und Mitarbeiterregister. II, 1316 Seiten. 1929.
RM. 62.—, in Halbleder geb. RM. 67.—

„Der Vorsprung, den entsprechende Werke in französischem Sprachgewande bisher hatten, ist nunmehr in Deutschland eingeholt. Die Form der alphabetischen Zergliederung des Stoffes ermöglicht eine breitere Behandlung der Einzelfälle, die im internationalen Rechtsleben nicht selten von größerer Bedeutung als vorzeitig aufgestellte Abstraktionen sind." *Zeitschrift für Völkerrecht.*

Anzilotti, Lehrbuch des Völkerrechts. Übersetzt und herausgegeben vom Institut für ausländisches öffentliches Recht und Völkerrecht, Berlin. I. Band. Groß-Oktav. 444 Seiten. 1929. RM. 19.—, geb. RM. 20.—

Mit der Herausgabe der Übersetzung dieses Lehrbuches des berühmten Völkerrechtlers ist das Institut für ausländisches öffentliches Recht und Völkerrecht einem in Deutschland außerordentlich fühlbaren Bedürfnis entgegengekommen. Das Buch ist nicht schlechthin eine Übersetzung der italienischen Originalausgabe, sondern berücksichtigt auch die gesamte Rechtsprechung und Literatur der letzten Zeit und stellt somit das zurzeit modernste Lehrbuch des Völkerrechts überhaupt dar.

Niemeyer, Theodor, **Völkerrecht.** 168 Seiten. 1925. (Sammlung Göschen Bd. 865.) . . . . Geb. RM. 1.80

Dieses Bändchen gibt in gedrängter Form eine vollständige Übersicht über das Völkerrecht.

Beiträge zum ausländischen öffentlichen Recht und Völkerrecht. Herausgegeben im Auftrage des Instituts für ausländisches öffentliches Recht und Völkerrecht in Berlin in Gemeinschaft mit Friedrich Glum, Ludwig Kaas, Rudolf Smend, Heinrich Triepel von Viktor **Bruns.** Groß-Oktav.

Eine Sammlung einschlägiger wissenschaftlicher Abhandlungen, Materialsammlungen, Übersetzungen besonders wertvoller ausländischer Werke u. a.

Heft 1:
Staatsrecht und Politik. Rede beim Antritt des Rektorats der Friedrich-Wilhelms-Universität zu Berlin am 15. Oktober 1926. Von Heinrich **Triepel.** 40 Seiten. 1927 . . . . RM. 2.—

Heft 2:
Volksentscheid und Volksbegehren. Ein Beitrag zur Auslegung der Weimarer Verfassung und zur Lehre von der unmittelbaren Demokratie. Von Dr. Carl **Schmitt,** o. ö. Professor der Rechte an der Universität Bonn. 54 Seiten. 1927 . . . . RM. 2.60

Heft 3:
Der Aufbau des britischen Reiches. (Der Verhandlungsbericht der Reichskonferenz von 1926.) Eingeleitet und herausgegeben von Gerichtsassessor Dr. K. **Heck,** Referent am Institut für ausländisches öffentliches Recht und Völkerrecht. 152 Seiten. 1927 . . RM. 6.—

Heft 4:

Die Souveränität. Ein Beitrag zur Theorie des Staats- und Völkerrechts. Von Dr. H. **Heller,** Privatdozent und Referent am Institut für ausländisches öffentliches Recht und Völkerrecht. 177 Seiten. 1927 RM. 8.50

Heft 5:

Die Missionsfreiheit nach den Bestimmungen des geltenden Völkerrechts. Von Dr. Theodor **Grentrup,** S. V. D. 112 Seiten. 1928. RM. 5.50

Heft 6:

Das Minoritätenproblem und seine Literatur. Kritische Einführung in die Quellen und die Literatur der europäischen Nationalitätenfrage der Nachkriegszeit, unter besonderer Berücksichtigung des völkerrechtlichen Minderheitenschutzes.

Allgemeiner Teil. Von Jakob **Robinson,** Rechtsanwalt in Kaunas (Litauen). 265 Seiten. 1928 . . . . RM. 9.—

Heft 7:

Der Reichssparkommissar. Von Dr. Karl **Bilfinger,** o. ö. Professor der Rechte an der Universität Halle. 68 Seiten. 1928 . . . RM. 3.60

Heft 8:

Die völkerrechtliche Stellung der fremden Truppen im Saargebiet. Von Dr. jur. J. M. **Bumiller,** Referent am Institut für ausländisches öffentliches Recht und Völkerrecht, Berlin. 156 Seiten. 1928. RM. 9.—

Heft 9:

Das Recht des Ausnahmezustands im Auslande (Frankreich, Belgien, Niederlande, Italien, England, Irland). Bearbeitet im Institut für ausländisches öffentliches Recht und Völkerrecht. 296 Seiten. 1928. RM. 14.—

Heft 10:

Die Beziehungen zwischen dem Parlament und den Gerichten in England. Eine rechtsvergleichende Studie. Von Heinrich B. **Gerland.** 137 Seiten 1928 . . . . RM. 8.—

Heft 11:

Zu den Problemen des fascistischen Verfassungsrechts. Akademische Antrittsvorlesung. Von Dr. Gerhard **Leibholz,** Privatdozent an der Universität Berlin, Referent am Institut für ausländisches öffentliches Recht und Völkerrecht. 112 Seiten. 1928 . . . . RM. 5.—

Heft 12:

Der deutsche und der französische Reichswirtschaftsrat. Ein Beitrag zu dem Problem der Repräsentation der Wirtschaft im Staat. Von Dr. Friedrich **Glum,** Privatdozent an der Universität Berlin, Wissenschaftliches Mitglied des Instituts für ausländisches öffentliches Recht und Völkerrecht. 188 Seiten. 1929 . . . . RM. 9.—

Heft 13:

Das Wesen der Repräsentation unter besonderer Berücksichtigung des Repräsentativsystems. Ein Beitrag zur allgemeinen Staats- und Verfassungslehre. Von Dr. Gerhard **Leibholz,** Privatdozent an der Universität Berlin, Referent am Institut für ausländisches öffentliches Recht und Völkerrecht. Groß-Oktav. 214 Seiten. 1929 . . . . RM. 14.—

Zeitschrift für ausländisches öffentliches Recht und Völkerrecht. Im Auftrage des Instituts für ausländisches öffentliches Recht und Völkerrecht herausgegeben von Dr. Viktor **Bruns,** Professor an der Universität Berlin, Leiter des Instituts.

Band I, Teil 1: Abhandlungen. 43 Bogen . . . . RM. 43.—

Band I, Teil 2: Urkunden. 5 ½ Bogen . . . . RM. 54.—

Der neuen Zeitschrift für ausländisches öffentliches Recht und Völkerrecht ist es als Aufgabe gesetzt, die wichtigsten, die Wissenschaft und die Praxis beschäftigenden Probleme des Völkerrechts und des außerstaatlichen öffentlichen Rechts zu behandeln. Sie wird zu all diesen Fragen eingehend Stellung nehmen und über alle wichtigen Ergebnisse der Gesetzgebung und der Rechtsprechung auf diesem Gebiete im In- und Ausland eingehend berichten. Der I. Jahrgang der Zeitschrift wird in zwei Bänden herausgegeben; künftig erfolgt das Erscheinen vierteljährlich.

Kraus, H., **Internationale Schiedssprechung.** Eine Sammlung der für das Deutsche Reich verbindlichen Verträge und Vertragsbestimmungen, die sich auf internationale Gerichtsbarkeit, Schiedsgerichtsbarkeit, sowie Vergleichsverfahren beziehen, nebst den dazugehörigen deutschen Regierungsdenkschriften. Taschenformat. XXXVI, 348 Seiten. 1929. (Guttentagsche Sammlung Deutscher Reichsgesetze Bd. 174. Geb. RM. 10.—

„Die vorliegende Dokumentensammlung füllt eine Lücke aus, da es bisher schwer war, alle schiedsrichterlichen Verpflichtungen des Deutschen Reiches auf einmal einzusehen.“ Friedenswarte.

Strupp, Karl, **Das Werk von Locarno.** Eine völkerrechtlich-politische Studie. Oktav. 180 Seiten. 1926 . . . . RM. 10.—

„Die lückenlose Mitteilung aller für das Verständnis und die Auslegung wichtiger Urkunden macht das aktuelle Buch zu einem außerordentlich wertvollen Mittel der Erkenntnis des Inhalts und der Tragweite dieser grundlegenden Staatsverträge.“ D. A. Z.

Deutschland unter dem Dawes-Plan. Entstehung, Rechtsgrundlagen, wirtschaftliche Wirkungen der Reparationslasten. Von Professor Max **Sering,** Universität Berlin. Oktav. VIII, 237 Seiten. 1928. RM. 10.—

„Nicht nur dem Juristen und Volkswirtschaftler, sondern auch dem Laien verständlich, gibt das Werk einem jeden wertvollen Einblick in Deutschlands wirtschaftspolitische Abhängigkeit, die sich bis in die kleinsten Betriebe hineinzieht, die jedes einzelne Glied des deutschen Volkes betrifft.“ Prakt. Rundschau.

2. Verwaltungsrecht.

Reichsrecht

Blume, E., und **Weirauch,** W., **Die Eisenbahn-Verkehrsordnung** vom 16. Mai 1928 mit Allgemeinen Ausführungsbestimmungen sowie dem Internationalen Übereinkommen über den Eisenbahnfrachtverkehr vom 30. Mai 1925 und dem Internationalen Übereinkommen über den Eisenbahn-Personen- und Gepäckverkehr vom 12. Juni 1925. Textausgabe mit Anmerkungen. Vierte Auflage. Taschenformat. X, 482 Seiten. 1928. (Guttentagsche Sammlung Deutscher Reichsgesetze Bd. 91.) Geb. RM. 9.—

„Ein treffliches Hilfsbuch für alle, die sich mit dem Eisenbahnverkehrsrecht theoretisch und praktisch zu beschäftigen haben. Der Kommentar wird besonders auch den Gerichten und den Anwälten

gute Dienste leisten, da die Ausführungsbestimmungen zur Eisenbahnverkehrsordnung, die vollständig abgedruckt werden, sonst nur in den Tarifen veröffentlicht werden, die in den Kreisen der Juristen weniger bekannt sind. Allen, die es angeht, kann daher die Anschaffung der neuen Auflage dringend empfohlen werden."

Juristische Wochenschrift.

Fischer, D., und **Staedler,** E., **Die deutsche Post- und Telegraphengesetzgebung.** Teil I: Postrecht (mit Ausschluß des internationalen Rechts). Siebente Auflage. 47*, 586 Seiten. 1929. (Guttentagsche Sammlung Deutscher Reichsgesetze Bd. 7.) . . . . Geb. RM. 15.—

Mit der vorliegenden Neuauflage dieser lange Zeit vergriffen gewesenen Ausgabe wird dem Wunsche zahlreicher Interessenkreise entsprochen: Die neue Bearbeitung ist gegenüber der letzten Auflage wesentlich vermehrt und in allen Teilen neugestaltet. Sie enthält die Quellen des Postrechts, wobei die Postordnung in ihrer letzten Fassung (vom Januar 1929) erscheint.

Dem Ganzen wurde erstmalig eine Systematik des geltenden Postrechts vorangestellt; die Gesetzestexte wurden sorgfältig erläutert, Rechtsprechung und die einschlägige Literatur bis auf die letzte Zeit berücksichtigt.

Sebba, Julius, **Seewasserstraßenordnung.** (Polizeiverordnung zur Regelung des Verkehrs auf den deutschen Seewasserstraßen vom 31. März 1927.) Taschenformat. 493 Seiten. 1928. (Guttentagsche Sammlung Deutscher Reichsgesetze Bd. 171.) . . . . Geb. RM. 8.50

„Es bedarf hierbei wohl nicht der besonderen Hervorhebung, daß die Kommentierungsmethode des rühmlichst bekannten Neu-Herausgebers von Schaps-Seerecht auch in dem vorliegenden Werke eine knappe und doch gründliche geworden ist."

Verkehrsrechtliche Praxis.

Busse, Rudolf, **Luftrecht einschließlich Luftverkehrsgesetz und Pariser Luftverkehrsabkommen.** Taschenformat. XVIII, 448 Seiten. 1928. (Guttentagsche Sammlung Deutscher Reichsgesetze Bd. 170.)

Geb. RM. 10.—

Das vorliegende Buch sucht in einem nationalen und internationalen Teil einen klaren Überblick über das gesamte Luftrecht zu geben; der neueste Stand der Rechtsprechung ist hierbei berücksichtigt. Den erläuterten Gesetzesabkommenstexten ist eine systematische Einführung in das gesamte Luftrecht mit seinen vielseitigen Rechtsdisziplinen vorausgeschickt.

Zeitschrift für das gesamte Luftrecht (ZLR.). Herausgegeben von Dr. jur. Otto **Schreiber,** o. Professor an der Universität Königsberg i. Pr., Geh. Regierungsrat, Leiter des Instituts für Luftrecht. Erscheint in Bänden zu je vier Heften.

Band I 1926/28 . . . . RM. 50.—, geb. RM. 55.—
Band II, Heft 1 . . . . RM. 10.—

„Organisation und Inhalt der Zeitschrift machen einen vorzüglichen Eindruck. Im Interesse ihres hohen sachlichen Zieles sind ihr weite Verbreitung und bester Erfolg zu wünschen."

Weltwirtschaftliches Archiv.

Volkmann, Kurt, **Die Straßenverkehrsordnungen** nebst den einschlägigen Nebenbestimmungen. Taschenformat. 312 Seiten. 1929. (Guttentagsche Sammlung Deutscher Reichsgesetze Bd. 175.) . . . Geb. RM. 7.—

„Das übersichtliche Werkchen, das uns eine schnelle Information über auftauchende Rechtsfragen auf diesem besonderen Verkehrgebiete verschafft, kann Polizeibeamten, Gerichten, Anwälten, Fuhrwerksbesitzern, Kraftfahrern und Radfahrern zur Anschaffung empfohlen werden."

Verkehrsrechtl. Rundschau.

Kirchner, Rudolf, **Gesetz über den Verkehr mit Kraftfahrzeugen** vom 3. Mai 1909. Vierte, völlig neubearbeitete Auflage. (Guttentagsche Sammlung Deutscher Reichsgesetze Bd. 92.) . . In Vorbereitung.

„Der Verfasser hat sich mit der nicht unschwierigen Materie auf das beste vertraut gemacht und seine Kenntnisse mit großer Gewandtheit in logischen, klaren und ausführlichen Erläuterungen zum Gesetze verwertet." Zeitschrift für Polizei- und Verwaltungsbeamte.

Aumer, Georg, **Der Kraftfahrzeugverkehr.** Richtlinien für Polizeibeamte und Kraftfahrer. Mit 79 Abbildungen und Figuren. Zweite Auflage. Taschenformat. 208 Seiten. 1928 . . . . Geb. RM. 4.50

„Ein kleines, aber nicht nur für jeden Polizeibeamten, sondern für jeden bei einem Kraftfahrzeugunfall — sei es nur als Zeugen — Beteiligten interessantes Kapitel über Hinweise auf Feststellungen bei Unglücksfällen und eine Übersicht über den Kraftfahrzeugbestand schließen die interessante Schrift, die — wenn sie sich auch ihrem Zweck entsprechend von juristischen Erörterungen fernhält — doch auch dem Juristen eine Fülle rechtstatsächlichen Materials, das gerade auf diesem Gebiete besonders wichtig ist, bietet."

Juristische Wochenschrift.

Holzapfel, W., **Die Siedlungsgesetzgebung** im Reich und in Preußen. 347 Seiten. 1920. (Guttentagsche Sammlung Deutscher Reichsgesetze Bd. 140.) . . . . Geb. RM. 3.—

„Die zur Ausführung jener Gesetze bestimmten Behörden und auch die literarische Forschung wird dem Verfasser für seine mühevolle Arbeit Anerkennung zollen." Archiv für öffentliches Recht.

Behrend, Ernst, und **Stranz-Hurwitz,** Helene, **Sammlung von Wohlfahrtsgesetzen** des Deutschen Reichs und Preußens nebst den allgemeinen Wohlfahrtsgesetzen von Sachsen, Thüringen, Hamburg, Mecklenburg-Schwerin und -Strelitz, Oldenburg, Lippe und Lübeck.

Teil I: Taschenformat. 560 Seiten. 1923 . . . . . Geb. RM. 5.—

Teil II: Nebst Ausführungsgesetzen sämtlicher Länder zum Reichsjugendwohlfahrtsgesetz. Taschenformat. XVI, 551 Seiten. 1925. (Guttentagsche Sammlung Deutscher Reichsgesetze Bd. 152 und 152a.)

Geb. RM. 9.—

Teil I und II zus. RM. 12.—

„Die kurzen, alles Wesentliche zusammenfassenden Einleitungen zu den einzelnen Gesetzen sind mit außerordentlicher Sachkunde und Klarheit geschrieben; sie genügen zusammen mit den Literaturangaben völlig für den Praktiker, um die Gesetzestexte richtig handhaben zu können. Das Werk ist für alle in der Wohlfahrtspflege Arbeitenden unentbehrlich und sehr praktisch."

Nachrichtendienst des Deutschen Vereins für öffentliche Fürsorge.

Wegner, Arthur, **Jugendrecht.** Ein Lehrbuch zur Einführung. Oktav. IX, 219 Seiten. 1929 . . . . RM. 6.—, geb. RM. 7.50

„Ein gleichartiges und gleichwertiges Werk über das Jugendrecht gibt es noch nicht." Breslauer Zeitung.

Drewes, Paul, und **Sandré,** Emil, **Das Reichsgesetz für Jugendwohlfahrt** vom 9. Juli 1922 und **Jugendgerichtsgesetz** vom 16. Februar 1923 nebst Nebengesetzen. Zweite Auflage. Taschenformat. XVI, 496 Seiten. 1928. (Guttentagsche Sammlung Deutscher Reichsgesetze Bd. 154.)

Geb. RM. 11.—

„Eine sehr handliche Gesetzesausgabe. Sie bietet in ausführlichen geschichtlichen und rechtlichen Vorbemerkungen und Einleitungen wertvolles Material zur Einführung in den Willen und Geist beider Gesetze und gibt in knappen, aber ausreichenden Erläuterungsbemerkungen zu den einzelnen Bestimmungen dem Praktiker die erforderlichen Unterlagen zur richtigen Anwendung. Das Werk dürfte sich in der Praxis beliebt machen." Blätter für öffentliche Fürsorge

Sandré, Emil **Verordnung über die Fürsorgepflicht.** Vom 14. Februar 1924. Mit Einschluß der für die Durchführung dieser Verordnung in Frage kommenden reichs- und landesgesetzlichen Bestimmungen. Taschenformat. 342 Seiten. 1925. (Guttentagsche Sammlung Deutscher Reichsgesetze Bd. 160.) . . . . Geb. RM. 6.—

„Die Zusammenstellung der bis in die jüngste Zeit ergangenen gesetzlichen Bestimmungen, die in Beziehung zur Fürsorgepflichtverordnung stehen, gibt der Sandréschen Arbeit ihre besondere Bedeutung. Die Anmerkungen sind zahlreich und zeichnen sich durch einen feinen, klaren Stil aus. Das Buch ist übersichtlich geordnet und leicht zu handhaben." *Schleswig-Holsteinsche Wohlfahrtsblätter.*

Szczesny, Viktor, **Das Lichtspielgesetz** vom 12. Mai 1920 mit der Ausführungsverordnung Einleitung, Gebührenordnung und Sachregister. Taschenformat. 106 Seiten. 1920. (Guttentagsche Sammlung Deutscher Reichsgesetze Bd. 147.) . . . . Geb. RM. 1.50

„Das neue Lichtspielgesetz hat hier eine ausführliche Kommentierung gefunden. Das Buch kann bei der gründlichen Behandlung des Stoffes als ein geeignetes Hilfsmittel für die Praxis bezeichnet werden." *Preußische Gemeinde-Zeitung.*

Wündisch, Ernst, **Das Gesetz über Schußwaffen und Munition** vom 12. April 1928 (RGBl. I S. 143) nebst der Ausführungsverordnung der Reichsregierung vom 13. Juli 1928 (RGBl. I S. 198) und dem Preußischen Erlaß zur Durchführung des Gesetzes vom 7. September 1928 (MBliV. S. 925). Taschenformat. 139 Seiten. 1928. (Guttentagsche Sammlung Deutscher Reichsgesetze Bd. 173.) . . . . Geb. RM. 5.—

Durch das neue Gesetz über Schußwaffen und Munition vom 12. April 1928 sind auf diesem für die Öffentlichkeit so wichtigen Gebiet neue Rechtsverhältnisse geschaffen worden, für die die Praxis exakte Erläuterungen wünscht. Eine solche Erläuterung stellt das vorliegende Buch dar, das, von einem auf diesem Gebiet besonders erfahrenen Sachkenner bearbeitet, eine absolut zuverlässige Darstellung der neuen Bestimmungen enthält. Außer dem Gesetzestext sind die für die Praxis wichtigen Ausführungsbestimmungen des Reiches und Preußens abgedruckt. Auf Übersichtlichkeit, Leichtverständlichkeit und Vollständigkeit der Erläuterungen, die die Hauptvorzüge der Guttentagschen Sammlung sind, wurde auch bei diesem Gesetze Wert gelegt.

Fraustädter, W., und **Kreutzberger,** M., **Das deutsche Ausländerrecht.** Die Bestimmungen des Reichsrechts und preußischen Landesrechts. Textausgabe mit Erläuterungen und Sachregister. Taschenformat. 396 Seiten. 1927. (Guttentagsche Sammlung Deutscher Reichsgesetze Bd. 166.) Geb. RM. 9.—

„Eine höchst begrüßenswerte Veranstaltung, aus dem Bedürfnis der Praxis hervorgegangen und mit vollendetem Sachverständnis unternommen. Sowohl die Vollständigkeit der mannigfach verstreuten gesetzlichen Bestimmungen als deren Anordnung, Registrierung und Erläuterung durch Ausführungsbestimmungen, Gerichtsentscheidungen, Verwaltungspraxis ist vortrefflich."

Niemeyers Zeitschrift für internationales Recht.

Voß, Werner, **Die reichs- und landesrechtlichen Bestimmungen auf dem Gebiete des Gesundheitswesens.** Zusammengestellt und mit Anmerkungen versehen. Taschenformat. 608 Seiten. 1929. (Guttentagsche Sammlung Deutscher Reichsgesetze Bd. 172.) . . . . . . Geb. RM. 11.—

„Der Band enthält eine Sammlung der Gesetze, Verordnungen und Bestimmungen auf dem Gebiete des Gesundheitswesens, wie sie in dieser Vollständigkeit sonst nicht besteht. Dadurch erst ist ein zuverlässiger und rascher Überblick über die einschlägigen weit verstreuten Bestimmungen gewährleistet."

Württ. Zeitschr. f. Rechtspflege.

Hippel, W. von, **Reichsviehseuchengesetz** vom 26. Juni 1909 nebst Ausführungsvorschriften und dem preußischen Ausführungsgesetz. Zweite Auflage. Taschenformat. 486 Seiten. 1913. (Guttentagsche Sammlung Deutscher Reichsgesetze Bd. 103.) . . . . Geb. RM. 4.—

Boxberger, L. von, **Vogelschutzgesetz** vom 30. Mai 1908 nebst den das Flugwild betreffenden Bestimmungen der Preußischen Jagdordnung. Taschenformat. 57 Seiten. 1909. (Guttentagsche Sammlung Deutscher Reichsgesetze Bd. 89.) . . . . Geb. RM. 1.—

Landesrecht

Bitter, von, **Handwörterbuch der Preußischen Verwaltung.** Dritte, vollständig umgearbeitete Auflage. Unter Mitwirkung zahlreicher hoher Reichs- und preußischer Staatsbeamten herausgegeben von Dr. Bill Drews, Staatsminister a. D., Präsident des Pr. Oberverwaltungsgerichts, und Dr. Franz Hoffmann, Wirklicher Geheimer Oberregierungsrat, Berlin. Lexikon-Oktav. 1928.
RM. 120.—, in Halbleder geb. RM. 132.—
Erster Band, 1. Halbband: Abbaugerechtigkeiten—Fleisch- und Viehagenten. 552 Seiten.
2. Halbband: Fleischvergiftung—Kyffhäuserbund. Seite 553 bis 1134 und IX Seiten.
Zweiter Band: Lackfabriken—Zwischenkredit. VII, 1220 Seiten.
(Im Verlage der Firmen: Walter de Gruyter & Co., Berlin; Carl Heymanns Verlag, Berlin; Roßberg'sche Verlagsbuchhandlung, Leipzig.)

Das zentrale Werk der Praxis des Verwaltungsrechts.

Reichelt, H., **Verwaltungsgesetzbuch für Preußen.** Systematische Zusammenstellung der wichtigsten Verwaltungsgesetze und Verordnungen für Praxis und Unterrichtszwecke. Lexikon-Oktav. VII, 1302 Seiten. 1914 . . . . Geb. RM. 7.60

„Das Buch ist sehr wertvoll, dem Praktiker unentbehrlich und leistet demjenigen, der sich auf eine Prüfung vorbereitet, vorzügliche Dienste. Allen Verwaltungsbehörden wird das Buch warm empfohlen."
Preußische Verwaltungs- und Finanz-Zeitung.

Friedrichs, K., **Die Gesetzgebung über die allgemeine Landesverwaltung** und Zuständigkeit der Verwaltungs- und Verwaltungsgerichtsbehörden. Dritte, durchgesehene Auflage. Taschenformat. XXIII, 295 Seiten. 1927. (Guttentagsche Sammlung Preußischer Gesetze Bd. 42.)
Geb. RM. 5.—

„Der Wert dieser Arbeit liegt darin, daß er eine erschöpfende und klare Übersicht über das tatsächlich geltende Verwaltungsrecht bringt. Das Werk ist ein vorzügliches und nie versagendes Hilfsmittel."
Gesetz und Recht.

Fischbach, Das Reichbeamtengesetz vom 31. März 1873 in der Fassung der Bekanntmachung vom 18. Mai 1907 mit allen Abänderungen und Ergänzungen. Taschenformat. 311 Seiten. 1930. (Guttentagsche Sammlung Deutscher Reichsgesetze Bd. 82.) . . . . . . Geb. RM. 6.—

Die vorliegende Erläuterung des Beamtengesetzes durch den bekannten Staatsrechtlehrer kommt einem besonderen Bedürfnis der Praxis entgegen, die s. Zt. eine den neuesten Fortschritten der Wissenschaft und Rechtsprechung entsprechende Handausgabe sehr entbehrt. Bemerkenswert ist, daß auch verwandte Gesetze und Verordnungen der einheitlichen Erläuterung unterzogen wurden, so daß dieses Buch für die Praxis ein der Sache wie der Erläuterungsart wichtiges Hilfsmittel darstellt.

Pfafferoth, Carl, **Preußische Beamtengesetzgebung.** Fünfte Auflage. XIV, 280 Seiten. 1916. (Guttentagsche Sammlung Preußischer Gesetze Bd. 2.) . . . . Geb. RM. 2.40

Dultzig, Eugen von, **Das preußische Disziplinargesetz für die nichtrichterlichen Beamten.** Taschenformat. XIV, 364 Seiten. 1914. (Guttentagsche Sammlung Preußischer Gesetze Bd. 51.) . . . . Geb. RM. 4.20

„Der Verfasser kennt das Disziplinarrecht aus eigener Tätigkeit und aus langer Erfahrung. Diese hat er zu einem praktischen Nachschlagebuch für alle praktischen Fragen des Disziplinarrechts ausgestaltet. Bei tunlichster Kürze sind doch recht erschöpfende, klare und anschauliche Erläuterungen entstanden, die das Verständnis und die Anwendung des Disziplinarrechts in zweckmäßiger Weise erleichtern. Das Büchlein verdient volle Beachtung."

Zeitschrift für Polizei- und Verwaltungsbeamte.

Hagemann, Rudolf, **Hinterlegungsordnung** vom 21. April 1913. Taschenformat. 175 Seiten. 1914. (Guttentagsche Sammlung Preußischer Gesetze Bd. 53.) . . . . Geb. RM. 2.20

„Das in der vorteilhaft bekannten Guttentagschen Sammlung erschienene Buch darf als ein Hilfsmittel zu dem nicht immer ganz einfachen Verständnis der neuen Hinterlegungsvorschriften bestens empfohlen werden; es ist klar, übersichtlich und ausführlich."

Zentralblatt für freiwillige Gerichtsbarkeit.

Aschrott, P. F., **Gesetz über die Fürsorgeerziehung Minderjähriger.** Vom 2. Juli 1900. Nebst Ausführungsanweisungen. Dritte Auflage. Taschenformat. 374 Seiten. 1917. (Guttentagsche Sammlung Preußischer Gesetze Bd. 28.) . . . . Geb. RM. 2.80

„Das Buch gewährt nicht nur einen klaren Einblick in die gegenwärtige Gestaltung der Fürsorgeerziehung in Preußen, sondern es gibt auch über die Zweifelsfragen, welche bei der Auslegung des technisch ziemlich unvollkommenen Fürsorgeerziehungsgesetzes in besonders reicher Fülle auftauchen, durchweg eine erschöpfende und zutreffende Auskunft." *Das Recht.*

Marcks, A., **Gesetz, betr. die Unterhaltung der öffentlichen Volksschulen.** Taschenformat. 194 Seiten. 1906. (Guttentagsche Sammlung Preußischer Gesetze Bd. 39.) . . . . Geb. RM. 1.80

„Das handliche Büchlein wird, von sachkundiger Seite herrührend und praktisch angelegt, Verwaltungsbeamten, Schulvorständen, Lehrern beim Gebrauch gute Dienste leisten."

Schulblatt der Provinz Brandenburg.

Ledermann, W., und **Brühl,** L., **Die Städteordnung für die sechs östlichen Provinzen Preußens.** Zweite Auflage. Taschenformat. 593 Seiten. 1913. (Guttentagsche Sammlung Preußischer Gesetze Bd. 32.) Geb. RM. 6.—

„Der Kommentar, eine hervorragende Arbeit, ist von der Kritik und der Praxis so einmütig günstig aufgenommen worden, daß er auch in seiner zweiten durch Gesetzgebung, Literatur und Rechtsprechung der letzten zehn Jahre bereicherten Ausgabe keiner weiteren Empfehlung bedarf." *Kommunale Praxis.*

Wölbling, P., **Bildung der neuen Stadtgemeinde Berlin.** Zweite Auflage. Taschenformat. 114 Seiten. 1920. (Guttentagsche Sammlung Preußischer Gesetze Bd. 59.) . . . . Geb. RM. 1.40

„Die Ebenmäßigkeit mit den Kommentaren anderer Gesetze der Guttentagschen Sammlung erringt der Verfasser durch seine strenge Sachlichkeit. Damit muß seinem Werk die Beachtung bei der Durchführung des Gesetzes und bleibender Wert gesichert erscheinen."

Soziale Praxis.

Holzapfel, W., Umlegungsordnung. Taschenformat. 144 Seiten. 1921. (Guttentagsche Sammlung Preußischer Gesetze Bd. 60.) . . RM. 1.80

„Holzapfel, der hervorragende Kenner der Auseinandersetzungsgesetze, erläutert die Vorschriften der Umlegungsordnung in seiner scharfsinnigen Art in durchaus erschöpfender Weise und gibt in diesen Erläuterungen ein außerordentlich anschauliches Bild von der Umlegung der Grundstücke. Das Buch ist auch für Laien leicht und gut verständlich und kann jedem, der für die Umlegung Interesse hat, zur Benutzung angelegentlich empfohlen werden."

Preußisches Verwaltungsblatt.

Holzapfel W., Gesetz über Landeskulturbehörden. Taschenformat. 176 Seiten. 1919. (Guttentagsche Sammlung Preußischer Gesetze Bd. 57.) Geb. RM. 2.—

„Der Titel gibt den Inhalt des Werkchens vollständig an, hinzuzufügen ist aber, daß die Erläuterung, die umfangreich und eingehend ist und der praktischen Handhabung des Gesetzes Schritt für Schritt folgt, aus der Feder eines Mannes herrührt, der durch seine sachliche Qualifikation als gründlicher Kenner der Materie für eine zuverlässige Führung die größte Gewähr bietet. Dankenswert ist die Gründlichkeit der im bescheidenen Rahmen geleisteten Arbeit."

Verwaltungs-Archiv.

Meyer, O., Gesetz, betr. die Anlegung und Veränderung von Straßen und Plätzen in Städten und ländlichen Ortschaften. Taschenformat. 211 Seiten. 1913. (Guttentagsche Sammlung Preußischer Gesetze Bd. 50.) RM. 3.—

Strauß-Torney, Hugo von und **Saß,** Carl, früher **Friedrichs,** R., **Gesetz, betr. Anlegung und Veränderung von Straßen und Plätzen** in Städten und ländlichen Ortschaften. (Straßen- und Baufluchtengesetz.) Kommentar. Sechste Auflage. Groß-Oktav. 211 Seiten. 1920. RM. 8.—, geb. RM. 9.50

„Das Werk zeigt eine Reichhaltigkeit und Vollständigkeit, die sonst wenigen Kommentaren eigen ist, und übertrifft hierin noch weit die früheren Auflagen. Besonders erwähnenswert ist die geschickte Anordnung der Erläuterungen und das praktische Inhaltsverzeichnis."

Wochenschrift des Architektenvereins zu Berlin.

Heine, H. Die preußischen Baupolizeigesetze nebst den sonstigen einschlägigen Reichs- und Landesgesetzen. Taschenformat. 404 Seiten. 1928. (Guttentagsche Sammlung Preußischer Gesetze Bd. 64.) Geb. RM. 8.—

Diesem Band ist die Aufgabe gestellt, die in erster Linie in Betracht kommenden Gesetze und sonstigen Vorschriften und die im Zusammenhang hiermit entstehenden Rechtsfragen in übersichtlicher Weise zusammenzufassen und zu erörtern. Die Rechtsprechung des Oberverwaltungsgerichts und anderer Gerichte ist hierbei berücksichtigt worden.

Goldschmidt, O., Gesetze gegen die Verunstaltung landschaftlich hervorragender Gegenden mit Ausführungsanweisungen. Taschenformat. 152 Seiten. 1912. (Guttentagsche Sammlung Preußischer Gesetze Bd. 49.) Geb. RM. 2.40

„Der Kommentar bietet eine sachgemäße, sorgfältige und erschöpfende Erläuterung der einzelnen gesetzlichen Bestimmungen. Er wird als ein durch Vollständigkeit und Zuverlässigkeit ausgezeichnetes Hilfsmittel jedem Freunde des Heimatschutzes ein willkommener Ratgeber sein." *Jahrbuch des Verwaltungsrechts.*

Wulff, G., und **Herold**, F., **Wassergesetz** vom 7. April 1913. Mit Einleitung, Erläuterungen und Sachregister. Zweite, umgearbeite Auflage von G. Wulff. Taschenformat. XVI, 665 Seiten. 1928. (Guttentagsche Sammlung Preußischer Gesetze Bd. 52.) . . Geb. RM. 12.—

„Gründlichkeit und trefflichere Kürze bilden einen besonderen Vorzug des Werkes.“ Ministerialblatt f. d. preuß. innere Verwaltung.

Lohmann, W., **Gesetz, betr. die Feuerbestattung.** Taschenformat. 79 Seiten. 1912. (Guttentagsche Sammlung Preußischer Gesetze Bd. 47.) Geb. RM. 1.50

„Der Verfasser, der als Mitglied der Kommission des Abgeordnetenhauses an dem Zustandekommen des Gesetzes hervorragend beteiligt war, konnte als zuständiger Bearbeiter des Gesetzes in erster Linie gelten. Der kleine Kommentar ist besonderer Aufmerksamkeit sicher.“ Jahrbuch des Verwaltungsrechts.

Holtgreven, A., und **Wolff**, Th., **Das Wildschadengesetz** vom 11. Juli 1891. Kommentar. Vierte, vermehrte und verbesserte Auflage. Oktav. VIII, 216 Seiten. 1902 . . . . RM. 4.—

„Dieses Werkchen will einerseits die juristisch zweifelhaften Punkte des Wildschadengesetzes wissenschaftlich erörtern und klarstellen und andererseits allen denjenigen, welche bei der Handhabung dieses Gesetzes in irgendeiner Weise, sei es als Private, Beamte, Grundbesitzer oder als Jagdberechtigte, beteiligt sind, ein praktischer Berater sein.“ Allgemeine Forst- und Jagdzeitung.

Born, A., **Das preußische Fischereigesetz** vom 11. Mai 1916 in der geltenden Fassung. Taschenformat. 428 Seiten. 1928. (Guttentagsche Sammlung Preußischer Gesetze Nr. 62.) . . . . Geb. RM. 7.50

Die Ausgabe bietet eine bis jetzt fehlende neue Darstellung des Fischereigesetzes, in der vor allem die neue Rechtsprechung eingehend verwertet ist. Außer dem Fischereigesetz, das eine ausführliche Erläuterung gefunden hat, sind die wichtigen Ausführungsverordnungen und im Anhang die einschlägigen Bestimmungen anderer für die Anwendung des Fischereigesetzes in Frage kommenden Gesetze berücksichtigt.

Born, A., **Die preußischen Jagdgesetze** in ihrer geltenden Fassung. Mit Erläuterungen versehen. Taschenformat. 433 Seiten. 1928. (Guttentagsche Sammlung Preußischer Gesetze Nr. 63.) . . . Geb. RM. 8.—

„Das Buch kann zur Belehrung und Handgebrauch den Gerichten, Landratsämtern, Gemeinden und Forstbehörden sowie allen jagdlich interessierten Personen warm empfohlen werden.“ Leipziger Ztsch. f. dtsch. Recht.

Kunze, F., **Das Jagdscheingesetz.** Zweite Auflage. Taschenformat. 157 Seiten. 1899. (Guttentagsche Sammlung Preußischer Gesetze Bd. 19.) . . . . Geb. RM. 2.—

„Die eingehenden Anmerkungen und die im Titel hervorgehobenen Beigaben machen den kleinen Kommentar zu einem vortrefflichen, in der Praxis schwer entbehrlichen Hilfsmittel zur Auslegung des Gesetzes.“ Zeitschrift für die gesamte Strafrechtswissenschaft.

Caro, H., **Gesetz, betr. Austritt aus der Landeskirche**, vom 14. Mai 1873. Taschenformat. 190 Seiten. 1911. (Guttentagsche Sammlung Preußischer Gesetze Bd. 46.) . . . . Geb. RM. 2.40

„Ein sehr praktisches Buch, das in den Anmerkungen zum Wortlaut des Gesetzes eine reiche Fülle von Material bietet für alle möglichen Fragen, die mit Aus- und Übertritt zusammenhängen. Das genau gearbeitete Inhaltsverzeichnis ermöglicht bei gelegentlicher Benutzung ein leichtes Auffinden des Nötigen.“ Deutsch-Protestantische Bücherschau.

Kollenscher, M., Rechtsverhältnisse der Juden in Preußen. Taschenformat. VIII, 199 Seiten. 1910. (Guttentagsche Sammlung Preußischer Gesetze Bd. 45.) . . . . RM. 2,40

„Eine zusammenfassende, erschöpfende Darstellung der in den verschiedensten Quellen zerstreuten zahlreichen Judengesetze und Verordnungen. Jede Synagogengemeinde und jeder, der sich mit jüdischen Angelegenheiten beschäftigt, müßte dieses Buch besitzen."
Jüdische Rundschau.

3. Steuerrecht

Nieberl, A., Reichsabgabenordnung vom 13. Dezember 1919 nebst Einführungsverordnung vom 18. Dezember 1919 und Übergangsverordnung vom 11. Oktober 1921. Textausgabe mit Anmerkungen und ausführlichem Sachregister. Zweite, neubearbeitete Auflage. Taschenformat. 1927. (Guttentagsche Sammlung Deutscher Reichsgesetze Bd. 143.) . . . . Geb. RM. 12.—

„Die Darstellung ist leicht verständlich und klar. Das Sachregister ist gründlich bearbeitet. Jedenfalls wird das Buch, das einen mit der praktischen Handhabung der RAbgO. vertrauten Verfasser erkennen läßt, nicht nur den Steuerbeamten, sondern auch dem rechtsuchenden Publikum und seinen Beratern ein willkommener guter Führer auf diesem Gebiet sein." Juristische Wochenschrift.

Michaelis, Richard, **Die Dritte Steuernotverordnung** vom 14. Februar 1924. Mit besonders ausführlicher Berücksichtigung der Vorschriften über die Aufwertung und die öffentlichen Anleihen. Taschenformat. VIII, 388 Seiten. 1924. (Guttentagsche Sammlung Deutscher Reichsgesetze Bd. 157.) . . . . Geb. RM. 7.—

„Ganz besonders zu rühmen ist der Kommentar von Michaelis, der dank seiner eingehenden und gründlichen Bearbeitungsweise erheblichen Einfluß auf die Praxis gewonnen hat." Juristische Wochenschrift.

Hollaender, Adolf, **Einkommensteuergesetz und Körperschaftsteuergesetz** nebst den zugehörigen Aus- und Durchführungsbestimmungen, Verordnungen und Erlassen. Taschenformat. XXXIX, 697 Seiten. 1926. Mit Nachtrag. 1928. (Guttentagsche Sammlung Deutscher Reichsgesetze Bd. 151.) . . . . Geb. RM. 24.—

„Das auf die Bedürfnisse der Praxis abgestellte und ihnen gerecht werdende Buch wird jedem gute Dienste leisten, der sich handelnd oder leitend auf dem äußerst unsicheren, ohne Hilfsmittel überhaupt nicht begehbaren Boden der heutigen Einkommensteuer zurechtfinden muß." Juristische Rundschau.

Pick, Reichsbewertungsgesetz. Textausgabe mit Anmerkungen. In Bearbeitung.

Wrzeszinski, Richard, und **Simon,** H. Veit, **Vermögenssteuergesetz und Reichsbewertungsgesetz.** Kommentar . . . . . . In Bearbeitung.

Schachian, Herbert, **Erbschaftsteuergesetz,** Fassung vom 22. August 1925, mit Anmerkungen. Vierte Auflage. Oktav. 65 Seiten. 1926. RM. 2.50

„Eine vollständige Darstellung des Erbschaftssteuerrechts und der zugrunde liegenden bürgerlich-rechtlichen Vorschriften des Erbrechts. Als wissenschaftliche und praktische Leistung steht der klar und scharf geschriebene Kommentar in vorderster Reihe unter seinen Rivalen; er ist als Wegweiser besonders zu empfehlen."
Juristische Wochenschrift.

Hoffmann, U., **Die preußischen Erbschaftsteuergesetze.** Taschenformat. 561 Seiten. 1905. (Guttentagsche Sammlung Preußischer Gesetze Bd. 20.) . . . . RM. 3.—

Lindemann, Otto, **Umsatzsteuergesetz** (neueste Fassung) mit Ausführungsbestimmungen. Vierte, vermehrte und verbesserte Auflage. Taschenformat. 518 Seiten. 1926. (Guttentagsche Sammlung Deutscher Reichsgesetze Bd. 132.) . . . . Geb. RM. 10.—

„Es handelt sich um einen ausführlichen, gediegenen und klar abgefaßten Kommentar, der den weiteren Vorzug besitzt, auf dem laufenden zu sein. Das Werk kann allen Interessenten nur warm empfohlen werden." Industrie- und Handelszeitung.

Meyer, E. H., **Gesetzgebung über Steuer- und Kapitalflucht.** Zweite Auflage. Taschenformat. 129 Seiten. 1921. (Guttentagsche Sammlung Deutscher Reichsgesetze Bd. 145.) . . . . . . Geb. RM. 1.60

„Das Büchlein enthält den Text der einschlagenden vier Gesetze samt den vier Verordnungen gegen die Kapitalabwanderung bzw. Kapitalflucht, eine kurze Übersicht über den Inhalt der Gesetze und sehr knapp gehaltene Anmerkungen. Sein Wert liegt in der handlichen Zusammenfassung der einschlagenden Vorschriften."
Juristische Wochenschrift.

Lindemann, Otto, **Grunderwerbsteuergesetz** (neueste Fassung) mit den Ausführungsbestimmungen. Zweite, völlig umgearbeitete Auflage. Taschenformat. 186 Seiten. 1926. Mit Nachtrag 1927. (Guttentagsche Sammlung Deutscher Reichsgesetze Bd. 139.) . . . . Geb. RM. 4.—

„Das Buch wird manchem in den mannigfachen Streitfragen des in der Praxis sehr einschneidenden Gesetzes ein willkommener Ratgeber sein. Die Erläuterungen zeichnen sich durch Klarheit und Gemeinverständlichkeit im besten Sinne aus." Württembergische Industrie.

Hagelberg, E., und **Krämer,** L., **Grunderwerbsteuergesetz** vom 12. September 1919 (RGBl. S. 1617) in der Fassung des Gesetzes vom 11. März 1927 (RGBl. I S. 72) nebst Einleitung, Sachregister und Ausführungsbestimmungen und der einschlägigen Vorschriften des Finanzausgleichs-Steuermilderungsgesetzes und Steuerstrafrechts. Für die Praxis erläutert. Zweite, völlig umgearbeitete und erweiterte Auflage. 1928. Groß-Oktav. 355 Seiten . . . . Geb. RM. 15.—

„Die verhältnismäßige Kürze ihrer Erläuterungen bei großer Vollständigkeit ist zu rühmen. Das Buch ist nicht nur für den Juristen, sondern auch für den gebildeten Laien, namentlich Grundstücksmakler und Hausbesitzer, von großem, praktischen Wert."
Zeitschrift d. Deutsch. Notarvereins.

Hagelberg, E., und **Krämer,** L., **Wertzuwachssteuerrecht.** Kommentar. Groß-Oktav. 256 Seiten. 1929 . . . . . RM. 12.—, geb. RM. 13.50

Die Verfasser kommentieren die neue Wertzuwachssteuerordnung für Berlin und die preußische Mustersteuerordnung. Ihr Buch ist ein Leitfaden für die Steuerpflichtigen und ihre Rechtsberater und die mit der Wertzuwachssteuer befaßten Behörden. Es stellt die rechtliche und wirtschaftliche Bedeutung der Bestimmungen klar: Die Rechtsprechung des Preußischen Oberverwaltungsgerichts wurde erschöpfend berücksichtigt. Auch Spezialfragen wie die Aufwertung und das Schwarzkaufwesen wurden behandelt.

Hoepker, Heinrich, **Die Industriebelastungsgesetze** vom 30. August 1924 nebst den Durchführungsbestimmungen zum Gesetz über die Industriebelastung. Taschenformat. XV, 200 Seiten. 1925. Mit Nachträgen. (Guttentagsche Sammlung Deutscher Reichsgesetze Bd. 159.) Geb. RM. 4.—

„Die Anmerkungen sind erschöpfend und führen den Leser mit Geschick in die schwierige und neue Materie ein. Rechtsanwälte sowie Kaufleute, für welche die Industriebelastung in Frage kommt, werden das mit einem guten Sachregister ausgestattete Werk mit gleichem Nutzen gebrauchen!" Industrie- und Handels-Zeitung.

Eiffler, Kurt, **Staatliche Verwaltungsgebühren.** Gesetz über staatliche Verwaltungsgebühren vom 29. September 1923 nebst Gebührenordnungen und Ausführungsbestimmungen. Taschenformat. 192 Seiten. Mit Nachtrag. 1925. (Guttentagsche Sammlung Preußischer Gesetze Bd. 61.) Geb. RM. 6.—

„Das Buch ist für alle preußischen staatlichen und kommunalen Behörden unentbehrlich." Deutsches Beamtenarchiv.

Loeck, P., und **Eiffler,** K., **Preußisches Stempelsteuergesetz** mit den gesamten Ausführungsbestimmungen. Unter besonderer Berücksichtigung der Entscheidungen der Verwaltungsbehörden und der Gerichte herausgegeben. Zehnte, neubearbeitete Auflage. Taschenformat. 476 Seiten. 1928. (Guttentagsche Sammlung Preußischer Gesetze Bd. 18.) Geb. RM. 13.—

„Die zahlreichen Auflagen zeugen für die Güte und praktische Brauchbarkeit des Buches, das durch den von Eiffler hinzugefügten Anhang auf den gegenwärtigen Rechtsstand gebracht ist." Finanz-Ministerialblatt.

Lebbin, Georg, **Nahrungsmittelgesetze** mit Erläuterungen. Zweite, stark vermehrte Auflage in zwei Bänden.
Zweiter Band: **Getränkegesetze und Getränkesteuergesetze** (Wein, Bier, Branntwein, Mineralwasser). Unter Mitarbeit von Rechtsanwalt Dr. Kniebe. Taschenformat. XII, 400 Seiten. 1926. (Guttentagsche Sammlung Deutscher Reichsgesetze Bd. 54b.) . . . . . . Geb. RM. 10.—

„Die wichtigsten Gesetze sind eingehend kommentiert und so vollständig ergänzt, daß die Sammlung als unentbehrliches Hilfsmittel, wie es in dieser Art bislang noch fehlte, für den Sachbearbeiter bei Behörden und Verbänden sowohl als auch für den Kaufmann der Branche zu begrüßen ist." Württembergische Wirtschafts-Zeitschrift.

Wündisch, Friedrich, **Das Tabaksteuergesetz** vom 12. September 1919 nebst den Ausführungsbestimmungen vom 26. Februar 1920. Taschenformat. 286 Seiten. 1920. Mit Nachtrag 1925. (Guttentagsche Sammlung Deutscher Reichsgesetze Bd. 146.) . . . . Geb. RM. 4.—

„Endlich ein Kommentar zum Tabaksteuergesetz! Die Ausgabe kommt den Wünschen der Praxis nach einer erschöpfenden Darstellung des neuen Gesetzes in umfassender Weise entgegen. Das Buch bildet eine ausgezeichnete Informationsquelle für alle Fragen, die in der Praxis vorkommen." Deutsche Tabak-Zeitung.

VII. Entscheidungs-Sammlungen und Zeitschriften.

Entscheidungen des Reichsarbeitsgerichts. Herausgegeben von den Mitgliedern des Reichsarbeitsgerichts. Oktav.
Band I. 1928. Band II. 1928/29. Band III. 1929. Band IV. 1929/30. Je RM. 6.50, geb. RM. 8.—

Entscheidungen des Reichsgerichts. Herausgegeben von den Mitgliedern des Gerichtshofes u. d. Reichsanwaltschaft. Oktav. (2 Sammlungen.)

1. **Entscheidungen in Zivilsachen.** (Werden in Heften im Umfange von etwa 5 bis 6 Bogen sowie in vollständigen Bänden, geheftet und gebunden, ausgegeben. Jährlich 4 Bände.) 1.—126. Band. Je RM. 6.50, geb. RM. 8.—

2. **Entscheidungen in Strafsachen.** (Werden in Heften im Umfange von 5 bis 6 Bogen sowie in vollständigen Bänden, geheftet und gebunden, ausgegeben. Jährlich 1 Band.) 1.—63. Band. Je RM. 6.50, geb./ RM. 8.—

Zeitschrift für die gesamte Strafrechtswissenschaft. Gegründet von Fr. von **Liszt** und **A. Dochow.** Unter ständiger Mitarbeiterschaft hervorragender Fachmänner herausgegeben von Prof. Dr. K. **von Lilienthal,** Prof. Dr. Ed. **Kohlrausch** und Prof. Dr. W. **Gleispach.** Der Jahrgang besteht aus 8—9 Heften. Quart.

Bd. 1—43. 1881—1922. Je RM. 15.—. Bd. 44. 1922. RM. 25.—.

Bd. 45. 1924. RM. 21.—. Bd. 46—49. 1925—1929. Je RM. 30.—. Bd. 50. 1929/30. RM. 36.—.

Juristische Rundschau. Herausgegeben von Otto **Lindemann,** Ministerialdirektor, Geh. Oberjustizrat, Berlin, Dr. Friedrich **Flad,** Senatspräsident beim Reichsgericht, Leipzig, Fritz **Hartung,** Ministerialrat im preußischen Justizministerium, Berlin, und

Höchstrichterliche Rechtsprechung. Herausgegeben von Eugen **Friedrichs,** Oberlandesgerichtsrat, Naumburg a. d. S., Dr. Albert **Feisenberger,** Reichsanwalt, Leipzig, Benno **Mugdan,** Kammergerichtsrat i. R., Geh. Justizrat, Berlin. — Erscheint am 1. und 15. jeden Monats.
6. Jahrgang. 1930. Vierteljährlich RM. 7.50, Einzelheft RM. 1.50
Beilage „Höchstrichterliche Rechtsprechung" einzeln vierteljährlich 5.—

Judicium. Vierteljahresschrift für die gesamte Zivilrechtspflege. Unter ständiger Mitarbeit von J. Goldschmidt (Berlin), H. Lehmann (Köln), R. Pollak (Wien), L. Rosenberg (Gießen), H. Walsmann (Rostock) herausgegeben von W. **Kisch** (München), H. **Lucas** (Berlin), A. **Mendelssohn-Bartholdy** (Hamburg), M. **Pagenstecher** (Hamburg), J. D. **Sauerländer** (München), H. **Sperl** (Wien), E. **Volkmar** (Berlin). Vierteljährlich erscheint 1 Heft. Der Jahrgang beginnt am 15. November. 2. Jahrgang 1929/30. (Friederichsen, de Gruyter & Co. m. b. H., Hamburg 36.) . . . . RM. 24.—

Zeitschrift für ausländisches und internationales Privatrecht. Herausgegeben in Gemeinschaft mit Ernst **Heymann,** Heinrich **Titze,** Martin **Wolff,** ordentliche Professoren an der Universität Berlin, wissenschaftliche Berater des Instituts, Max **Pagenstecher,** o. Professor an der Universität Hamburg, Franz **Schlegelberger,** Ministerialdirektor im Reichsjustizministerium, Honorarprofessor an der Universität Berlin, von Ernst **Rabel,** o. Professor an der Universität Berlin, Direktor des Instituts. Jährlich 6 Hefte im Umfang von etwa 65 Bogen.
Preis des dritten Jahrganges RM. 50.—

Zeitschrift für Bergrecht. Bis zu seinem Tode herausgegeben von dem Wirkl. Geh. Rat, Berghauptmann a. D. Dr. jur. H. Brassert. Redigiert und herausgegeben von den rechtskundigen Ministerialräten der Bergabteilung des Preußischen Ministeriums für Handel und Gewerbe. Jährlich ein Band von mehreren Heften. Die Hefte erscheinen in zwangsloser Folge. 1928/29. RM. 20.—, Jahrgang 70, Heft 1/2. 1929. RM. 10.—

Zeitschrift für das gesamte Luftrecht (ZLR.). Herausgegeben von weiland Dr. jur. Otto **Schreiber.** Erscheint in Bänden zu je vier Heften.
Band I. 1926/28 . . . . RM. 50.—, geb. RM. 55.—
Band II, Heft 1 . . . . RM. 10.—

Bank-Archiv. Zeitschrift für Bank- und Börsenwesen. Unter Mitwirkung von hervorragenden Fachmännern herausgegeben von Geh. Justizrat Prof. Dr. **Rießer,** Berlin. Schriftleitung: Rechtsanwalt Otto **Bernstein,** geschäftsführendes Mitglied des Centralverbandes des Deutschen Bank- und Bankiersgewerbes. Quart. Jährlich 24 Nummern. XXIX. Jahrgang. 1929/30 . . . . Pro Halbjahr RM. 12.—

FSC
www.fsc.org
MIX
Papier | Fördert gute Waldnutzung
FSC® C083411

Kolibri 360 GmbH
Ferdinand-Jühlke-Straße 7
99095 Erfurt, Deutschland
produktsicherheit@kolibri360.de